Puzzle #1

Assorted Words 1

A	O	D	E	F	E	C	A	T	E	T	N	P	F	O
V	L	T	D	A	N	C	I	N	G	O	X	E	E	F
G	E	E	B	G	M	L	X	Q	R	O	X	N	T	B
N	L	L	T	U	T	A	O	T	W	T	O	A	C	V
S	I	A	I	C	F	N	N	O	G	E	L	N	H	I
A	D	B	N	H	U	F	E	U	K	D	D	C	I	N
H	Y	E	B	C	P	I	A	D	E	I	E	I	N	C
I	L	L	T	L	I	O	S	L	I	N	N	N	G	I
L	S	I	G	A	E	N	I	I	O	C	S	G	L	N
L	Q	V	K	L	I	R	G	L	N	F	C	E	Y	E
B	J	E	X	P	U	C	O	M	B	E	D	A	S	R
I	H	R	Q	X	A	Q	A	L	F	I	S	Q	O	A
L	Y	I	E	T	S	A	B	M	A	L	B	V	J	T
L	J	E	Q	U	I	V	A	L	E	N	T	K	P	E
Y	S	S	E	N	S	U	O	I	T	E	C	A	F	S

ACCIDENT
AMANUENSES
BIBLIOPHILE
BUFFALO
COMBED
CUISINES
DANCING
DEFECATE
EMACIATED
EQUIVALENT
FACETIOUSNESS
FETCHINGLY
GLANCING
HILLBILLY
IDYLS
INCINERATES
LAMBASTE
LIVERIES
LOOKING
NIBBLER
OLDEN
PENANCING
TOOTED

Puzzle #2

Assorted Words 2

G	L	R	S	O	M	A	N	I	F	E	S	T	S	J
X	T	A	G	R	Y	T	I	N	I	V	I	D	E	R
S	K	D	X	H	E	T	N	A	L	P	M	I	X	P
N	F	I	W	O	G	S	F	G	M	D	D	S	Q	O
O	Q	A	X	N	L	G	A	C	W	R	E	S	P	U
N	L	N	F	U	O	B	D	E	T	A	S	I	U	L
R	V	C	T	T	C	E	E	X	T	I	P	M	C	T
I	E	E	X	S	K	I	V	S	P	N	A	U	S	I
G	R	O	S	S	E	D	E	E	G	E	I	L	O	C
I	I	S	M	O	N	S	L	R	E	D	R	A	A	E
D	F	Y	T	X	S	H	O	R	E	R	I	T	R	D
K	I	N	R	Y	P	R	P	L	K	E	N	I	M	B
U	E	Y	L	D	I	V	I	L	C	L	G	N	P	T
L	S	M	K	L	E	N	N	L	C	I	L	G	F	C
S	E	S	E	Y	L	B	G	Y	W	F	Y	O	R	E

BRAINTEASERS
CLOSEST
DESPAIRINGLY
DEVELOPING
DISSIMULATING
DIVINITY
DRAINED
GLOCKENSPIEL
GROSSED
IMPLANT
LIVIDLY
MANIFESTS
NONRIGID
POULTICED
RADIANCE
REEVE
SHORE
STYING
VERIFIES
YESES

Puzzle #3

Assorted Words 3

D	E	K	O	T	S	T	O	P	P	A	G	E	T	R
P	S	O	S	D	E	R	A	N	G	E	D	I	R	E
Z	O	K	X	N	S	R	E	T	E	D	I	H	I	C
K	Z	S	C	M	O	E	H	V	D	K	U	M	M	I
S	R	F	S	I	L	I	L	C	I	F	K	M	M	P
U	S	A	P	E	T	S	T	B	U	L	G	I	E	R
N	T	L	M	Y	S	S	P	R	M	R	E	F	R	O
L	R	E	L	K	T	S	Y	O	E	A	A	D	S	C
A	U	U	S	A	C	O	E	O	T	S	R	T	D	A
M	T	J	Z	A	F	O	O	D	J	S	N	C	E	T
P	T	I	R	K	C	T	P	S	P	X	K	I	P	E
S	E	J	N	C	G	N	I	K	N	A	R	C	H	S
M	D	E	D	R	A	W	E	P	F	C	S	V	A	Q
O	C	T	A	G	O	N	S	L	L	I	R	H	T	B
L	A	X	C	L	I	Q	U	I	D	A	T	I	O	N

BACKSTOPS
BROODS
BULGIER
CRANKING
CURATE
DELIVERS
DERANGED
DETER
ENCASE
INSERTIONS
JOYSTICKS
LIQUIDATION
OCTAGONS
PITFALLS
POCKMARK
POSSESSED
RAMBLES
RECIPROCATES
SOOTY
STOKED
STOPPAGE
STRUTTED
SUNLAMPS
THRILLS
TRIMMERS
WARDED

Puzzle #4

Assorted Words 4

E	Q	D	N	E	S	E	R	A	L	L	W	U	D	J
I	P	S	Q	O	N	N	O	H	O	T	T	N	I	Y
N	C	Y	Q	I	I	E	O	R	H	Z	Z	C	A	C
E	B	U	R	R	O	T	M	I	Q	H	P	L	M	O
L	Y	E	R	H	L	M	C	E	P	I	M	A	E	N
E	R	R	A	K	N	I	V	E	S	M	K	S	T	T
G	T	E	O	U	S	P	M	U	R	V	A	P	R	R
A	Z	W	O	S	T	K	A	T	G	I	B	H	I	A
N	Y	P	P	D	S	I	U	Y	B	O	D	E	C	S
T	F	Z	B	A	L	E	F	U	L	L	Y	R	A	T
L	N	G	A	D	N	I	C	U	T	P	K	O	L	I
Y	G	X	Y	W	F	W	V	C	L	F	E	M	L	N
L	A	V	I	S	H	L	Y	E	A	L	E	O	Y	G
A	D	D	I	T	I	V	E	S	L	N	Y	N	D	U
K	I	N	D	U	L	G	E	N	T	L	Y	E	V	X

ACCESSORY
ADDITIVES
BALEFULLY
BEAUTIFULLY
BURRO
CHAMPIONS
CONTRASTING
DIAMETRICALLY
DIRECTION
EVILDOER
INDULGENTLY
INELEGANTLY
KNIVES
LAVISHLY
PHEROMONE
RESEND
SEMEN
UNCLASP

Assorted Words 5

O	C	Y	T	I	L	A	R	E	N	E	G	N	P	D
P	S	U	S	G	S	T	S	I	N	R	E	D	O	M
A	U	R	B	L	N	E	S	N	I	E	V	A	E	O
P	N	E	E	E	A	I	R	Y	S	K	G	I	T	V
E	D	G	D	C	S	G	C	I	N	T	A	B	I	E
R	E	R	R	M	N	S	E	N	H	H	U	F	C	R
W	R	E	I	L	L	O	C	L	A	S	N	O	A	R
E	C	T	D	E	F	M	I	M	L	L	T	R	L	I
I	O	S	D	J	R	I	S	T	O	I	E	Q	L	D
G	V	L	E	E	R	S	W	S	A	U	D	E	Y	E
H	E	G	N	I	P	P	I	H	C	B	S	B	R	S
T	R	R	E	A	L	T	O	R	A	E	U	S	J	F
S	O	L	I	D	I	F	I	E	S	K	S	C	E	P
P	Y	P	R	O	P	U	L	S	I	V	E	D	N	D
I	M	P	R	O	P	R	I	E	T	I	E	S	R	I

BEDRIDDEN
CHIPPING
COLLIE
CUBES
DRIERS
FREELANCING
GAUNTED
GENERALITY

HAKES
ILLEGALS
IMPROPRIETIES
INCUBATION
LOUTS
MODERNISTS
MOUSSED
OVERRIDES

PAPERWEIGHTS
POETICALLY
PROPULSIVE
REALTOR
REGRETS
SHIRES
SOLIDIFIES
UNDERCOVER

Puzzle #6

Assorted Words 6

R	M	O	G	Y	E	E	D	A	H	S	P	M	A	L
Z	E	V	E	N	S	H	T	N	O	I	L	L	I	M
S	A	E	V	X	I	I	N	S	A	C	B	Y	I	F
U	U	N	S	E	P	L	A	T	N	J	P	A	N	L
B	W	B	A	R	M	A	I	D	H	O	K	Y	S	Y
S	F	E	M	L	E	A	N	O	R	H	I	N	E	H
E	A	X	T	K	O	V	R	D	R	E	D	N	M	K
C	E	N	T	E	R	G	O	F	I	B	P	G	I	J
T	P	S	T	D	F	E	U	N	S	N	L	P	N	M
I	J	A	R	I	X	F	S	E	O	H	G	Y	A	X
O	K	P	W	E	Q	S	E	Y	I	E	A	Q	T	M
N	G	H	N	E	N	U	K	A	P	O	Z	H	E	S
S	G	O	R	K	G	N	I	N	W	O	R	C	S	K
M	I	N	D	F	U	L	U	N	A	L	F	L	W	S
T	S	H	A	V	E	R	S	G	G	H	M	M	T	A

ANALOGUE
ANTIQUING
BARMAID
BROILING
CENTER
CROWNING
DAISY
EFFETE
EXPANDING
FRAME
GUNNERS
HANKS
INSEMINATES
LAMPSHADE
MAPPER
MILLIONTHS
MINDFUL
MINIONS
OVERSEER
SHAHS
SHAVERS
SUBSECTIONS

Puzzle #7

Assorted Words 7

J	P	O	T	L	A	W	Y	E	R	O	H	S	N	I
R	I	V	E	R	B	E	D	R	A	W	O	T	X	M
S	P	E	W	S	H	P	A	R	G	O	E	M	I	M
E	O	S	U	I	N	I	T	I	A	L	L	I	N	G
X	A	Y	C	Z	H	T	U	J	Y	B	B	O	N	S
C	D	E	A	F	N	E	S	S	N	L	H	V	I	P
U	D	E	N	I	A	T	E	D	I	G	E	S	T	Q
L	P	N	N	P	X	A	M	E	D	O	H	T	A	C
P	H	I	Y	D	U	X	N	E	Y	V	X	G	U	T
A	N	G	T	X	O	L	L	E	D	R	O	B	B	C
T	A	M	L	L	V	B	L	O	U	I	A	O	L	Y
E	R	A	D	I	C	A	T	I	N	G	O	E	D	P
S	E	N	O	T	S	D	A	E	H	N	V	C	R	A
X	T	E	Z	I	R	A	L	U	C	E	S	H	R	D
H	N	S	R	E	K	A	M	Y	R	R	E	M	E	E

BORDELLO
CANNY
CATHODE
CUTELY
DEAFNESS
DETAINED
DIGEST
DREARY
ENIGMA
ERADICATING
EXCULPATES
HEADSTONES
INITIALLING
INSHORE
LAWYER
MEDIOCRE
MERRYMAKERS
MIMEOGRAPHS
RIVERBED
SECULARIZE
SNOBBY
SPEWS
TOWARD

Puzzle #8

Assorted Words 8

S	T	L	A	J	S	P	O	I	N	T	I	E	S	T
R	L	C	O	U	N	T	E	R	S	I	G	N	S	N
E	G	A	R	O	T	S	A	N	V	G	Y	Z	I	P
I	I	R	F	X	Q	H	G	I	F	V	K	S	N	A
N	S	L	A	M	M	E	R	S	F	O	O	F	D	S
F	U	N	I	C	U	L	A	R	K	C	R	L	I	S
O	S	J	L	D	M	K	I	A	O	L	N	C	R	A
R	O	P	U	Y	H	S	G	T	Y	U	I	A	E	G
C	O	D	R	N	U	C	X	J	S	E	W	T	C	E
E	T	Y	E	A	B	U	B	B	L	I	E	S	T	W
V	H	K	S	M	M	I	W	Q	I	N	X	M	L	A
F	E	E	L	I	N	G	N	P	E	G	P	E	Y	Y
Z	R	U	O	T	F	P	A	M	T	I	B	I	O	S
O	U	V	N	E	M	O	W	Y	R	T	N	U	O	C
E	I	Y	Y	S	G	N	I	L	I	R	E	P	M	I

BITMAP
BUBBLIEST
CLUEING
COEXIST
COUNTERSIGNS
COUNTRYWOMEN
DYNAMITES
ENFORCE
FAILURES
FEELING
FIATS
FUNICULAR
IMPERILING
INDIRECTLY
PASSAGEWAYS
POINTIEST
REINFORCE
SLAMMERS
SOOTHER
STORAGE

Puzzle #9

Assorted Words 9

K	A	D	J	R	G	N	I	Y	F	I	M	M	U	M
E	S	S	E	L	I	R	L	E	L	K	N	I	W	T
Z	F	E	D	T	G	K	O	O	B	E	T	O	N	H
S	C	E	I	E	A	Y	X	F	G	X	T	F	N	A
L	U	I	C	T	V	N	M	I	W	E	V	H	X	N
A	E	C	R	A	I	E	I	N	F	G	O	X	A	D
N	X	W	A	C	L	L	L	M	A	F	D	U	A	L
D	P	B	O	T	L	P	A	O	R	S	U	B	P	E
E	U	Y	T	R	U	E	N	T	P	E	I	S	R	B
R	R	L	D	E	L	E	T	O	A	M	T	U	T	A
S	G	P	I	S	S	O	G	S	M	F	E	X	M	R
B	A	S	E	S	S	U	H	C	S	M	I	N	E	S
K	T	S	N	O	I	S	I	V	E	R	O	T	T	Q
D	E	T	E	R	M	I	N	I	S	T	I	C	Z	S
P	S	N	A	T	I	O	N	A	L	I	S	T	S	F

ACTRESS
CIRCLETS
COMMONPLACE
DETERMINISTIC
DEVELOPMENTS
EXPURGATES
EXTERMINATED
FATALITIES
GOSSIP
GYMNASIUMS
HANDLEBARS
LETHAL
MUMMIFYING
NATIONALISTS
NOTEBOOK
REVISIONS
RILES
ROWEL
SCHUSSES
SLANDERS
SUFFIX
TWINKLE

Assorted Words 10

J	L	E	H	R	X	G	X	C	V	S	G	C	R	L
M	A	L	T	S	A	H	V	C	O	Y	N	A	K	N
H	R	N	O	F	C	G	S	J	C	U	S	R	P	H
X	V	S	G	D	H	R	E	Y	W	S	R	L	A	R
S	A	Q	D	L	I	E	G	N	E	V	A	T	A	W
N	E	E	F	Y	E	S	L	L	I	B	E	G	L	P
A	Y	I	M	R	F	A	S	Y	O	V	B	N	P	Y
V	E	Z	L	S	E	I	M	E	D	A	C	A	O	O
I	B	Z	D	F	R	S	E	A	C	U	N	S	G	L
G	J	A	B	K	N	O	H	A	R	T	O	H	R	N
A	T	T	L	J	Z	O	D	Y	U	L	E	E	O	I
T	D	E	T	A	R	U	G	U	A	N	I	D	M	D
I	O	Q	S	E	L	B	R	A	G	J	X	N	I	B
O	G	N	I	T	A	G	I	R	R	I	Y	P	N	K
N	Y	W	S	P	E	D	D	L	E	D	B	K	G	O

ABBEYS
ACADEMIES
AVENGE
CHIEFER
COURTLY
DISSECTED
DRAGONFLIES
FRESH
GARBLES
GNASHED
INAUGURATED
IRRIGATING
JANGLE
LARVAE
MALTS
MARLIN
NAVIGATION
PALSY
PEDDLED
POGROMING
VINEGAR
WARNS

Puzzle #11

Assorted Words 11

W	M	E	T	A	C	A	R	P	A	L	Q	T	N	P
M	I	F	D	E	F	L	E	C	T	S	X	L	S	R
F	O	P	P	I	S	H	R	A	F	T	I	N	G	O
O	C	S	S	E	N	H	S	I	N	N	A	M	M	S
U	F	C	B	A	L	I	B	I	I	N	G	A	U	T
N	S	D	E	E	L	B	W	X	E	E	B	J	N	I
T	Z	L	S	S	S	E	Z	T	N	I	L	B	C	T
A	E	L	B	A	W	O	L	L	A	S	V	K	H	U
I	E	I	A	A	K	W	M	F	A	I	L	F	I	T
N	W	R	D	E	I	R	R	O	W	A	R	U	E	E
E	U	P	U	S	F	T	A	R	T	E	R	S	S	D
D	P	R	F	S	K	H	E	P	I	O	U	S	L	Y
G	N	I	L	L	I	P	S	E	L	Z	Z	I	R	F
D	R	R	L	A	R	E	T	A	L	I	T	L	U	M
M	L	A	R	E	T	A	L	I	U	Q	E	Y	U	M

ALIBIING
ALLOWABLE
BESOM
BLEEDS
BLINTZES
DEFLECTS
EQUILATERAL
FOPPISH
FOUNTAINED
FRIZZLES
FUSSILY
LEISURE
MANNISHNESS
METACARPAL
MULTILATERAL
MUNCHIES
PARKA
PIOUSLY
PROSTITUTED
RAFTING
SPILLING
TARTER
WORRIED

Puzzle #12

Assorted Words 12

```
X T P N A V I G A T O R I S E
T R I G G E R S W W A Z N F Q
Y L Q S S S J K F V E W T U T
A D A E S D I T U G T G E R K
D R Z S L A J T L R A P R T A
T E C I R C L I N G L Z M H D
R G R R D O G G E A L G E E F
B A B O S K D X S B E E Z R R
O T U U L R X N S S R H Z M S
V T S F C P A P O U H O O O S
Y A H V C K E C A R E E R S H
T U M J M G S D S D Y E F T D
S E A F O O D H S E S S E L B
M I N I S T R Y O S X X J B R
Q Y Z H E C N O I T A I P X E
```

ABSURDEST
ANTIS
AWFULNESS
BLESSES
BUCKSHOT
BUSHMAN
CAREER
CIRCLING
DEPLORED
DORSAL
EXPIATION
FURTHERMOST
GAZERS
GLASS
INTERMEZZO
MINISTRY
NAVIGATOR
REGATTA
SCARS
SEAFOOD
TALLER
TRIGGERS

Assorted Words 13

M	N	C	D	D	C	M	R	D	E	X	A	L	E	R
Q	J	O	V	I	E	U	E	E	E	B	Z	P	T	H
R	B	S	I	C	H	H	T	A	H	D	O	N	V	Z
E	R	A	Q	T	F	E	S	O	N	S	E	N	L	F
S	E	P	I	U	A	W	D	I	F	T	I	C	P	C
T	C	M	U	M	A	R	A	O	M	F	I	V	E	P
A	T	M	P	S	H	B	T	D	N	A	S	M	A	R
R	I	Q	D	I	S	I	S	S	E	I	F	J	E	L
T	F	A	C	U	R	L	Y	W	N	L	S	F	X	X
I	Y	C	N	T	M	E	I	X	S	O	Z	T	T	V
N	O	I	S	N	A	C	S	A	D	I	M	Z	R	A
G	V	A	T	T	R	I	B	U	T	I	V	E	U	Y
R	P	O	L	Y	S	Y	L	L	A	B	I	C	D	G
C	N	O	I	T	A	V	O	N	N	I	O	B	E	R
S	E	T	A	N	O	S	R	E	P	M	I	B	S	D

ATTRIBUTIVE
BOBTAILS
CURLY
CUTOFFS
DEMONSTRATION
DICTUMS
EMPIRES
EXTRUDES
FAMISHED
GUZZLED
HEDONIST
IMPERSONATES
INNOVATION
LAVISHER
MEANTIME
POLYSYLLABIC
RECEDED
RECTIFY
RELAXED
RESTARTING
SCANSION
SQUABS

Puzzle #14

Assorted Words 14

L	Q	R	D	I	S	C	O	N	T	E	N	T	E	D
K	B	C	A	E	F	P	Y	R	A	M	I	D	E	S
G	X	J	O	C	R	H	L	S	O	R	T	I	N	G
S	N	I	D	M	E	H	H	U	T	A	R	P	S	M
M	M	I	V	I	P	T	S	C	G	R	C	B	S	I
A	B	S	Z	C	S	E	R	U	F	F	I	O	C	C
R	D	H	L	I	O	T	L	A	S	P	S	A	G	R
T	Y	O	O	W	R	N	I	D	C	D	M	T	Z	O
E	L	V	R	F	L	E	N	N	E	K	G	M	X	B
S	R	E	D	N	E	L	T	E	C	S	S	A	H	I
T	B	L	I	N	P	L	Y	U	C	T	R	N	K	O
G	N	I	N	O	I	T	R	O	P	T	E	E	Z	L
S	T	H	G	I	A	R	T	S	L	M	I	S	V	O
H	U	M	I	D	I	F	I	E	R	G	O	O	T	G
S	N	O	I	T	A	S	R	E	V	N	O	C	N	Y

BOATMAN
COIFFURES
COMPEL
COMPUTERIZING
CONNECTION
CONVERSATIONS
DISCONTENTED
DISTINCTEST
GASPS
GULPS
HUMIDIFIER
LENDERS
LORDING
MICROBIOLOGY
PORTIONING
PYRAMIDES
RACETRACKS
SHOVEL
SHRED
SMARTEST
SORTING
STRAIGHTS
TARPS
VERSED

Puzzle #15

Assorted Words 15

U	H	P	A	R	G	O	E	M	I	M	L	L	B	Y
J	K	S	H	R	I	L	L	E	S	T	X	L	I	B
Y	L	I	R	O	S	R	U	C	Z	O	V	A	D	P
I	V	Y	R	O	T	A	G	R	U	P	M	H	V	R
D	E	B	I	L	I	T	I	E	S	C	Y	I	Z	O
J	X	X	H	S	F	B	S	L	M	R	A	P	L	P
S	A	K	T	N	S	O	S	I	A	D	G	P	G	E
K	L	P	N	R	S	E	R	O	H	Y	V	I	H	R
R	T	Q	H	A	A	E	L	M	U	S	J	E	O	T
S	E	L	C	O	P	N	I	B	A	R	I	S	S	I
P	D	T	O	A	T	S	E	L	O	T	C	T	T	E
V	F	I	T	S	V	O	A	O	R	J	I	E	E	D
Z	F	E	J	I	X	E	I	C	U	U	E	O	D	F
G	P	M	V	K	N	T	R	N	K	S	O	N	N	P
M	I	C	V	M	J	K	S	N	G	S	Y	H	S	S

ALIAS
CAVERN
CURSORILY
DEBILITIES
EXALTED
EXTRANEOUS
FETISHIST
FORMATIONS
GHOSTED
HIPPIEST
HOURLIES
JOBLESS
KNAPSACKS
KNITTER
LIMOS
MIMEOGRAPH
PHOTOING
PROPERTIED
PURGATORY
SHRILLEST
SOURCED

Assorted Words 16

C	F	D	G	N	I	N	N	E	I	L	U	J	F	A
D	H	F	E	O	E	K	S	R	E	T	H	G	I	F
E	P	U	O	T	P	E	R	C	E	I	V	E	D	S
O	D	P	M	T	R	D	E	K	N	U	J	P	B	E
O	L	E	G	M	S	E	C	I	F	I	T	R	A	Z
U	H	N	M	W	I	A	S	B	Z	J	E	S	P	J
T	J	C	R	I	O	E	C	E	R	Z	A	M	O	P
R	L	J	W	Z	A	D	S	D	D	J	O	U	P	O
I	I	M	N	L	J	M	N	T	T	F	E	G	L	L
G	A	P	Y	K	D	S	R	E	N	N	I	G	E	B
G	I	A	T	T	E	N	T	I	O	N	S	L	X	U
E	S	N	O	Y	N	A	C	O	D	X	S	E	Y	B
R	O	C	L	U	B	B	I	N	G	P	J	R	D	J
A	N	Q	S	E	T	A	D	I	R	O	U	L	F	V
X	S	S	T	N	E	M	E	C	I	T	N	E	D	S

APOPLEXY
ARTIFICES
ATTENTIONS
BEGINNERS
CANYON
CASTOFF
CHUMMIEST
CLUBBING
DESERTED
ENDOW
ENTICEMENTS
FIGHTERS
FLUORIDATES
JULIENNING
JUNKED
LIAISONS
MAIMED
OUTRIGGER
PERCEIVED
SMUGGLER

Assorted Words 17

```
X C I T E R O E H T D E D N T
E Q O S U N S C R E E N X G W
F R E N E G A D E D H Y V U T
I F I B N H D E X P U N G E D
G D G S V E C I X T M H G S X
R N E N M G C A G D I Z H S G
R E I N I H N T E N D W S T R
E K T H T M S I I T I J L I E
S F O A C I O E N V F T L M C
T P X O E N F O H O I A Y A T
O B I T B W A I B C E T I T I
R E N E X K S T E A R G Y E F
E S S E L P O T S R S O N S I
R L N N H P F O A L S A C U E
S K I L L F U L C P N X S S D
```

BOOMING
CONNECTIVITY
COOKBOOK
DEHUMIDIFIERS
DIGNITY
DUNGEONING
EXPUNGED
FOALS
GUESSTIMATES
IDENTIFIERS
RECTIFIED
RENEGADED
RESTORERS
SCORCHES
SKILLFUL
STANCHING
SUNSCREEN
SWEATER
TEACHES
THEORETIC
TOPLESS
TOXINS

Puzzle #18

Assorted Words 18

V	Y	L	L	A	I	T	N	E	T	O	P	U	S	S
X	S	D	E	C	A	R	B	M	E	D	B	I	P	H
B	T	C	H	F	S	R	O	T	C	A	E	R	A	A
I	R	B	G	N	I	T	S	E	F	N	I	I	T	M
N	E	T	T	L	E	S	O	M	E	V	B	F	I	M
S	T	D	E	Z	I	C	I	T	I	R	C	L	A	I
E	C	P	E	Y	C	H	E	R	O	O	T	S	L	N
P	H	S	E	T	A	L	U	S	P	A	C	N	E	G
A	E	Y	S	E	N	I	R	U	G	I	F	J	F	L
R	R	C	T	B	T	U	G	N	I	L	A	V	I	R
A	W	A	P	T	E	S	L	O	W	D	O	W	N	S
B	D	E	T	S	E	U	Q	B	S	P	I	R	I	T
L	C	V	W	I	N	C	L	U	D	E	X	S	C	A
E	Y	W	D	J	N	P	E	D	O	M	E	T	E	R
S	E	T	A	I	T	I	P	O	R	P	Q	C	O	J

BLUNTED
CANTEEN
CHEROOTS
CRITICIZED
EMBRACED
ENCAPSULATES
FIGURINES
INCLUDE
INFESTING
INSEPARABLES
NETTLESOME
PEDOMETER
POTENTIALLY
PROPITIATES
QUESTED
REACTORS
RIVALING
SHAMMING
SLOWDOWNS
SPATIAL
SPIRIT
STRETCHER

Puzzle #19

Assorted Words 19

L	S	C	F	O	R	B	I	D	D	I	N	G	L	Y
E	E	A	C	I	C	A	P	S	T	A	N	S	G	P
L	N	R	S	U	T	N	S	L	A	T	C	A	R	F
O	T	I	S	T	A	A	S	S	E	Z	A	L	G	B
R	I	C	S	M	M	L	O	D	I	S	M	G	B	A
D	M	A	Z	L	H	Y	S	B	I	S	E	J	W	F
L	E	T	M	F	L	T	R	E	E	M	T	T	L	F
Y	N	U	E	S	W	I	Y	R	T	S	A	I	O	M
S	T	R	N	X	E	C	K	H	E	U	U	R	N	V
O	S	I	P	H	P	A	Z	R	R	B	C	O	Y	G
A	V	S	C	I	O	L	L	J	E	O	W	E	H	P
P	E	T	A	C	P	L	O	A	X	V	I	E	X	S
I	Q	S	N	T	O	Y	Y	D	N	R	O	B	D	E
E	U	K	K	Z	B	C	A	K	E	T	C	T	Q	W
R	G	N	I	T	A	L	A	C	S	E	E	D	Y	S

ANALYTICALLY
ASSISTING
BIORHYTHMS
CAPSTANS
CARICATURISTS
COCCI
DEESCALATING
DEWBERRY
EXECUTES
EXPLODE
FORBIDDINGLY
FRACTALS
GLAZES
HOUSEBOAT
LORDLY
OVERKILLS
PYRAMIDS
SEALANT
SENTIMENTS
SOAPIER
UNHOLY
VOTES

Assorted Words 20

S	P	A	S	M	S	T	S	E	I	P	O	O	L	G
B	D	M	Q	S	G	N	I	D	I	S	F	V	O	C
A	D	E	D	U	C	I	N	G	T	N	Q	V	L	L
V	F	G	N	E	S	E	D	I	C	I	B	R	E	H
T	A	N	I	E	M	W	C	G	J	Z	U	B	A	A
S	S	P	E	W	T	O	K	P	N	S	L	I	N	G
Z	I	E	P	G	F	R	T	T	I	I	K	S	D	G
N	U	T	D	R	O	B	A	S	E	L	Y	B	E	A
P	O	C	I	L	A	C	E	E	U	C	I	S	R	R
Q	E	F	A	R	O	I	Y	M	H	C	N	C	U	D
N	P	N	F	L	T	C	S	L	P	S	C	A	L	B
F	R	Y	D	I	L	S	Q	E	G	A	I	A	L	G
N	S	L	A	E	H	W	A	K	S	M	T	D	R	K
H	X	U	H	G	N	C	S	G	F	W	T	H	V	T
Q	B	R	Y	L	E	T	A	R	A	P	E	S	Y	G

ACCUSTOMED
APPRAISES
BASELY
BULKY
BUSYING
CALICO
CHIFFON
COLDEST
DEDUCING
DISHEARTENED
EMPATHY
GASTRITIS
GLYCOGEN
HAGGARD
HERBICIDES
LANCET
LOOPIEST
OLEANDER
PENDENT
SEPARATELY
SIDINGS
SPASMS
WHEALS

Assorted Words 21

V	A	P	O	I	N	T	E	R	P	O	S	I	N	G
X	V	G	N	I	K	A	U	Q	H	T	R	A	E	B
J	E	L	L	Y	B	E	A	N	S	M	G	Q	O	I
B	E	B	I	R	B	S	O	T	O	G	T	S	P	M
S	C	A	D	Y	E	S	U	B	A	C	C	Z	I	P
F	R	O	F	I	D	K	M	P	Y	L	O	P	X	R
A	O	E	N	M	D	R	I	O	P	Q	U	C	I	O
Q	Q	N	G	S	U	T	A	L	O	L	H	M	E	V
U	I	P	D	N	U	H	A	I	R	L	E	S	S	I
I	L	Z	M	U	A	M	A	R	N	A	B	M	S	S
N	I	L	V	Z	E	M	E	O	P	A	W	K	Z	E
T	U	G	S	D	I	S	T	R	A	U	G	H	T	D
E	R	E	I	K	C	U	L	O	S	F	X	E	F	B
T	V	P	L	A	I	N	C	L	O	T	H	E	S	Y
S	G	D	E	N	I	W	T	R	E	T	N	I	K	J

BRIBE
COCONUT
CONSUMERS
DISTRAUGHT
DRAINAGE
EARTHQUAKING
FONDUES
HAIRLESS
IMPROVISED
INTERPOSING
INTERTWINED
JELLYBEANS
LOOMS
LUCKIER
MANGERS
PIXIES
PLAINCLOTHES
POLYP
QUINTETS
SUPPLE
WARLIKE

Puzzle #22

Assorted Words 22

G	T	V	S	F	O	U	T	P	L	A	Y	I	N	G
E	V	S	B	N	E	H	D	S	T	E	L	M	R	A
N	R	S	E	K	U	L	F	I	R	P	J	V	K	I
U	E	M	E	I	W	G	D	Z	O	A	G	X	S	X
F	M	V	C	L	R	E	D	S	K	Z	L	Z	W	O
L	E	Y	X	S	T	A	K	N	P	N	I	L	N	A
E	M	Q	L	P	D	R	C	A	A	A	E	H	E	O
C	B	L	B	B	U	O	U	S	I	H	R	U	C	C
T	R	B	R	E	A	T	H	T	A	K	I	N	G	S
I	A	I	D	J	R	N	N	O	I	T	I	B	M	A
O	N	H	A	N	D	Y	M	E	N	D	G	L	C	A
N	C	S	O	R	R	O	W	A	D	E	D	L	I	W
D	E	D	U	L	C	E	R	P	D	C	M	L	U	A
B	S	N	I	A	R	G	N	I	N	K	O	F	Q	E
R	A	K	R	O	W	E	M	O	H	S	J	A	P	N

AMBITION
ARMLETS
BREATHTAKING
CELLARS
DAMNABLY
DECKS
FELDSPAR
FLUKES
GENUFLECTION
HANDGUNS
HANDYMEN
HOMEWORK
INGRAINS
OUTPLAYING
PRECLUDED
REMEMBRANCE
SCARIEST
SCHIZOID
SORROW
TURTLES
WILDED

Assorted Words 23

D	S	S	N	O	D	E	L	Y	T	O	C	R	Z	V
G	I	E	C	E	R	A	H	U	R	R	I	E	D	T
S	N	S	Z	A	T	E	M	S	E	H	C	T	E	F
U	T	I	O	I	N	T	Z	T	N	G	I	K	M	K
D	F	A	L	R	C	T	A	Y	A	I	W	Y	O	I
N	Z	G	O	G	G	I	I	W	L	H	W	R	N	D
H	X	L	N	B	I	A	T	L	O	A	A	T	S	D
A	B	M	Y	I	N	E	N	I	E	L	N	M	T	E
N	Y	R	Q	Q	P	U	V	I	L	V	I	A	R	R
D	A	B	O	U	T	M	G	N	Z	O	E	K	A	S
G	F	R	O	W	E	D	U	A	I	E	P	R	T	X
U	D	K	K	M	S	Z	V	L	D	A	D	E	E	S
N	C	G	L	G	N	I	T	E	P	M	O	C	D	D
G	F	O	L	D	E	R	N	T	A	E	H	E	R	P
C	D	I	S	A	M	B	I	G	U	A	T	E	V	T

- ABOUT
- ANALYZER
- BROWSING
- CANTILEVERED
- COMPETING
- COTYLEDONS
- DEMONSTRATED
- DEPOLITICIZES
- DISAMBIGUATE
- DISORGANIZED
- FETCHES
- FOLDER
- GUNBOATS
- HANDGUN
- HURRIED
- INVEIGLING
- KIDDERS
- KILOWATT
- LUMPING
- MAHATMA
- PREHEAT
- ROWED
- TWINS

Puzzle #24

Assorted Words 24

G	X	J	I	N	S	U	R	G	E	N	C	I	E	S
O	M	D	V	X	N	E	K	A	O	J	D	Y	M	A
M	Q	N	A	Y	O	B	S	C	U	R	E	S	I	N
E	O	R	M	M	O	R	D	E	A	L	S	W	C	I
J	L	N	H	A	P	C	P	E	C	X	E	O	R	T
Y	D	I	O	X	I	N	S	U	K	A	D	S	O	I
E	U	X	S	P	B	D	E	E	S	M	E	T	C	Z
Y	H	A	S	N	O	Y	S	S	R	T	B	R	O	I
W	R	T	W	T	E	L	E	X	S	U	A	A	M	N
R	P	O	O	D	O	H	I	L	F	F	C	C	P	G
I	D	A	S	L	E	R	E	S	R	M	L	I	U	C
E	G	Q	T	R	C	R	T	R	T	A	E	Z	T	U
S	J	W	X	Y	U	X	A	X	P	I	P	E	E	G
T	Z	J	F	Y	K	C	I	L	O	C	C	D	R	Y
S	D	I	M	A	R	Y	P	S	B	F	S	G	J	N

BLARED
CATSUP
CLOTHE
COLICKY
CURSORY
DAMPNESS
DEBACLE
DIOXINS
FOXTROTS
INSURGENCIES
MAIDS
MICROCOMPUTER
MONOPOLISTIC
OAKEN
OBSCURES
ORDEALS
OSTRACIZED
PARLEY
PREHENSILE
PYRAMIDS
SANITIZING
WRIEST

Puzzle #25

Assorted Words 25

J	T	S	E	I	M	M	U	G	B	L	A	A	J	S
I	I	E	T	T	E	U	Q	O	R	C	Z	Z	E	Z
E	D	H	X	C	F	E	C	R	A	L	U	D	O	M
X	E	R	C	H	L	E	G	S	N	E	M	A	T	S
O	W	A	Q	E	T	K	V	N	D	U	Z	U	Q	E
R	A	N	H	A	S	N	G	N	I	P	M	U	L	C
C	T	H	O	T	A	U	A	U	S	N	R	B	G	V
I	E	E	B	I	S	S	O	F	H	N	I	L	P	T
Z	R	F	D	T	T	E	H	G	F	D	D	F	S	X
I	S	F	D	O	S	A	F	C	N	U	O	O	E	Y
N	W	O	L	G	R	E	T	F	A	O	O	S	S	D
G	D	W	D	G	P	E	I	I	U	N	M	B	D	E
R	E	T	R	I	A	L	S	R	B	L	S	U	Y	J
Y	O	L	R	E	F	E	D	I	E	A	B	C	H	Z
F	C	T	N	E	T	O	P	M	I	E	H	O	O	L

AFTERGLOW
ASHCANS
BLUFFEST
BOUFFANT
BRANDISH
CHEAT
CLUMPING
CROQUETTE
DEFER
DEFINING
EERIEST
ERODE
EXORCIZING
GUMMIEST
HABITATION
HUMONGOUS
IMPOTENT
MODULAR
RETRIALS
STAMENS
TIDEWATERS

Assorted Words 26

S	O	C	M	C	O	X	I	D	I	Z	I	N	G	O
L	A	U	X	E	S	O	R	E	T	E	H	G	B	Z
R	O	P	R	H	T	T	I	C	K	L	I	N	G	I
G	P	S	I	K	C	H	K	I	N	S	M	E	N	S
S	N	R	N	E	Z	U	G	D	P	L	G	K	Q	I
E	E	I	E	R	N	D	I	I	V	I	R	U	S	C
N	R	I	T	O	O	T	M	N	R	T	T	J	T	K
S	E	N	R	A	R	H	Q	G	L	Y	E	P	S	B
I	F	N	T	E	K	D	N	D	H	A	P	R	S	E
T	U	O	I	L	N	S	A	E	E	B	I	O	H	D
I	T	B	E	L	G	N	Y	I	E	K	E	D	C	S
Z	I	K	U	I	K	C	U	G	N	R	E	X	I	F
E	N	L	V	Y	X	C	N	N	G	S	G	E	U	Y
S	G	L	K	A	F	T	E	R	W	A	R	D	H	S
P	I	N	A	F	O	R	E	N	U	L	B	W	S	C

AFTERWARD
BAGGY
CHEEKED
COPYRIGHT
DECIDING
FIXER
GREENHORNS
HETEROSEXUAL
INLAID
KINSMEN
NECKLINE
NUNNERIES
OXIDIZING
PINAFORE
PREORDAINS
REFUTING
SAPIENT
SENSITIZES
SICKBEDS
SKATING
TICKLING
VIRUS

Assorted Words 27

O	N	G	S	N	E	Y	O	D	D	I	G	K	I	K
U	W	H	B	T	D	N	O	C	E	S	O	N	A	N
G	Z	B	X	G	L	D	S	T	O	M	A	C	H	S
T	Y	T	S	E	N	O	G	G	O	D	A	N	W	N
G	B	T	A	T	Z	I	B	T	O	U	P	E	E	T
A	N	K	S	T	X	W	T	D	E	S	U	O	M	A
S	E	I	E	L	S	P	G	S	A	H	R	O	A	N
S	A	C	T	S	R	E	W	E	U	E	Z	C	V	K
I	M	W	N	A	Z	K	T	L	X	R	D	H	E	I
E	E	W	I	A	I	I	X	N	I	F	T	A	I	N
S	Y	Q	T	N	T	T	I	M	U	M	L	N	L	G
T	K	U	F	O	R	S	A	K	E	L	I	N	I	B
G	N	I	Y	A	W	S	B	P	E	Z	B	E	P	K
P	R	O	P	O	S	E	S	U	X	I	M	L	S	R
G	Z	J	U	X	T	A	P	O	S	E	D	S	G	T

BLADE
BLUNTEST
CHANNELS
DEADBOLTS
DOGGONEST
DOYENS
EWERS
EXPATIATING
FORSAKE
GASSIEST
INTRUSTING
JUXTAPOSED
LIMIEST
MOUSED
NANOSECOND
PROPOSES
STOMACHS
SUBSTANCE
SWAYING
TANKING
TOUPEE

Puzzle #28

Assorted Words 28

D	B	R	L	V	U	T	P	M	O	R	P	M	I	Z
E	E	S	I	C	B	E	D	Y	S	Y	O	J	R	I
P	P	R	T	M	Z	N	H	E	R	P	P	L	A	N
A	L	B	O	E	S	U	R	B	G	I	S	U	I	T
T	A	S	T	S	E	I	I	O	T	N	T	I	N	E
R	G	Z	N	O	I	L	L	U	B	O	A	E	W	R
O	I	A	B	B	Z	V	F	A	G	E	R	G	A	A
L	A	C	L	U	C	K	E	D	R	K	R	T	T	C
L	R	C	A	A	D	B	D	C	R	E	Q	C	E	T
E	I	F	O	D	B	I	R	R	S	A	D	B	R	I
D	Z	R	H	F	E	O	O	R	C	J	F	E	Z	O
Y	E	Q	C	H	F	N	R	L	Q	X	S	T	F	N
B	D	Q	L	I	V	I	C	E	B	V	H	Y	U	S
M	I	L	I	T	I	A	N	E	D	A	W	K	X	F
V	I	O	C	H	I	L	D	E	S	F	T	R	R	A

BULLION
CADENCES
CHILDES
CIVIL
CLUCKED
COFFIN
DRAFT
EROSIVE

FEDERALISM
FLEETS
GANGED
IMPROMPTU
INTERACTIONS
LABORED
MILITIA
PATROLLED

PLAGIARIZED
PYRITE
RAINWATER
REBORN
TABLOID
TORTE
WISPS

Puzzle #29

Assorted Words 29

P	S	D	E	T	S	E	V	N	I	E	R	O	Q	T
L	K	X	O	X	R	E	V	I	T	I	S	O	P	O
E	Y	T	M	W	G	E	P	A	C	S	D	N	A	L
A	J	Y	D	J	N	R	T	Y	S	M	O	K	E	R
D	A	S	L	E	M	S	T	N	E	R	E	H	D	A
E	C	G	K	L	B	I	W	S	E	J	V	S	R	I
R	K	R	N	L	A	M	N	I	E	C	H	Q	B	R
S	S	C	R	I	I	C	O	I	N	B	F	R	D	E
Q	T	A	Q	N	R	A	I	C	B	G	M	K	M	A
M	H	I	X	G	D	A	R	G	Y	U	S	U	Z	S
T	F	X	B	U	M	U	O	T	A	R	S	K	N	S
T	P	I	L	A	S	T	E	R	S	M	R	E	Y	I
E	N	C	E	P	H	A	L	I	T	I	S	U	S	G
D	J	R	H	I	N	O	C	E	R	O	S	B	C	N
T	E	N	S	O	R	G	N	I	N	O	I	T	A	R

ADHERENTS
CENTER
CURRYCOMBED
DOWNSWINGS
ENCEPHALITIS
HABITS
JELLING
LANDSCAPE
MAGICALLY
MINIBUSES
NUMBEST
OARING
PILASTERS
PLEADERS
POSITIVER
RATIONING
REASSIGN
REINVESTED
RHINOCEROS
SKYJACKS
SMOKER
TENSOR
TRAIL

Puzzle #30

Assorted Words 30

A	D	J	U	N	C	T	Z	W	Y	D	X	E	W	E
Q	M	A	G	A	Z	I	N	E	A	B	C	Q	I	Y
I	H	D	S	T	A	R	T	F	W	Y	W	B	T	X
M	I	C	S	U	B	J	E	C	T	I	V	E	S	F
I	O	D	G	L	W	F	L	C	R	C	E	A	W	V
L	B	E	S	G	G	S	O	J	H	A	O	B	M	J
D	V	G	S	S	R	N	E	R	O	T	T	E	U	S
N	I	D	N	O	A	O	I	D	E	L	D	N	U	B
E	O	P	I	I	P	L	T	R	A	S	U	C	A	A
S	U	O	T	N	H	X	G	A	E	U	E	H	I	W
S	S	C	R	U	E	C	E	R	T	N	S	E	M	O
V	N	K	M	A	D	J	N	R	U	C	N	S	S	I
F	E	A	R	G	C	Y	L	U	E	O	I	I	I	C
H	S	C	M	O	Q	A	Z	U	A	V	H	D	D	D
U	S	T	S	A	W	Y	M	E	G	L	O	A	W	M

ADJUNCT
ANTARCTIC
BENCHES
BUNDLED
DICTATOR
DINNERING
DISSUADES
FORESEES
GRAPHED
HOURGLASS
LAUNCHING
MACAROON
MAGAZINE
MILDNESS
OBVIOUSNESS
OVEREXPOSE
START
SUBJECTIVES
WORKS

Puzzle #31

Assorted Words 31

D	E	T	A	N	E	I	L	A	I	C	L	C	W	V
H	V	E	M	P	A	T	H	E	T	I	C	U	D	A
O	Y	R	E	F	E	I	H	C	R	Y	X	N	T	G
A	T	A	M	G	O	D	G	N	I	Y	S	L	A	P
X	V	P	P	F	N	S	M	R	O	F	E	F	I	L
E	T	I	S	T	S	I	D	O	P	O	R	I	H	C
D	F	N	G	R	S	T	N	E	M	I	D	N	O	C
X	E	P	E	N	E	T	C	O	L	O	S	S	U	S
R	D	R	X	M	I	G	E	F	O	R	N	K	C	B
U	E	I	M	Y	S	T	D	T	M	T	P	X	B	B
B	R	C	C	W	R	S	P	A	O	M	R	L	P	W
Y	A	K	E	P	Y	R	E	M	C	N	W	A	H	Y
I	L	S	G	L	Y	I	U	S	E	X	E	M	C	U
N	L	N	S	B	I	J	T	L	S	X	Y	D	S	H
G	Y	J	S	I	T	Z	Z	U	B	A	E	A	L	E

ABUZZ
ALIENATED
ASSESSMENT
BLURRY
CADGERS
CARTOONING
CHIEFER
CHIROPODIST
COLOSSUS
CONDIMENTS
DENOTE
DOGMATA
EMPATHETIC
EXEMPTING
FEDERALLY
HOAXED
LIFEFORMS
PALSYING
PINPRICKS
RUBYING

Puzzle #32

Assorted Words 32

B	S	I	X	A	I	R	A	T	E	N	A	L	P	G
N	A	X	V	W	A	W	J	L	R	Y	H	S	C	S
T	E	S	F	F	H	P	S	L	P	E	A	E	B	D
G	N	M	I	U	T	W	R	U	S	T	I	N	G	E
H	G	E	O	L	H	U	R	E	T	O	R	T	S	P
A	Q	E	M	W	I	R	E	B	I	R	E	B	J	U
N	K	E	R	T	E	C	M	L	O	R	D	S	K	T
D	S	F	T	M	C	L	A	U	N	N	A	I	B	Y
M	S	H	G	S	I	A	B	B	R	O	T	C	E	V
A	U	T	I	H	A	N	N	O	I	N	A	Z	G	K
I	P	M	V	L	Y	T	A	E	N	B	Y	A	E	B
D	Z	M	R	S	L	B	E	T	O	K	E	N	S	A
E	D	E	L	I	O	C	E	R	I	J	Y	L	N	Q
N	G	N	I	R	E	P	U	S	O	N	V	R	O	N
S	W	G	N	I	S	U	O	R	Q	F	G	M	L	P

AWFUL
BASILICA
BERIBERI
BETOKENS
BIANNUAL
DEPUTY
ENACTMENT
FORETASTE
GERMINATING
HAIRED
HANDMAIDENS
NOBLEWOMEN
PLANETARIA
RECOILED
RETORTS
ROUSING
RUSTING
SHILL
SUPERING
VECTOR

Puzzle #33

Assorted Words 33

L	C	P	S	G	N	I	L	B	U	O	D	E	R	M
U	E	M	I	E	X	C	O	R	I	A	T	E	S	I
R	J	Z	H	Y	S	D	O	O	W	T	A	M	H	S
I	U	L	I	A	D	A	P	T	A	B	L	E	A	A
N	Z	R	U	N	B	G	E	G	V	N	I	R	L	L
G	O	L	P	F	O	C	N	C	R	M	E	R	L	L
X	R	I	V	D	I	L	O	I	E	S	N	Y	U	I
S	T	E	T	Y	Q	T	O	N	L	D	A	F	C	A
H	D	S	B	A	I	M	N	C	G	A	T	B	I	N
A	Q	T	U	B	R	F	Y	U	C	E	E	X	N	C
R	L	U	R	A	U	D	I	T	O	R	S	S	O	E
K	N	N	J	D	U	L	Y	B	M	B	G	T	G	S
D	E	T	S	A	P	E	R	H	D	O	L	M	E	N
Q	D	K	R	K	E	T	A	D	E	R	P	A	N	D
I	N	T	E	R	L	I	N	K	E	D	O	B	H	X

ADAPTABLE
ALIENATES
AUDITORS
BOUNTIFUL
COLONIZE
CONGESTED
DECEASES
DEHYDRATION
DOLMEN
EXCORIATES
HALLUCINOGEN
INTERLINKED
LUBBER
LURING
MERRY
MISALLIANCES
PREDATE
REDOUBLING
REPASTED
SEALING
SHARK
STUNT
WOODSY

Puzzle #34

Assorted Words 34

S	D	H	U	G	T	Q	T	S	R	E	V	L	O	S
L	L	F	E	I	G	E	R	V	C	M	R	X	D	W
A	S	A	Y	B	A	W	R	J	A	Q	O	Z	D	R
L	Q	S	N	B	S	S	Q	A	N	B	H	D	P	E
O	U	N	W	O	S	R	E	E	N	S	W	C	A	S
U	A	E	H	N	I	P	J	G	I	I	I	A	I	T
D	L	M	C	E	N	T	Q	M	N	C	M	G	L	A
M	O	I	L	H	G	T	C	B	G	A	D	C	F	U
O	R	S	F	Z	E	T	M	E	K	P	R	A	U	R
U	C	R	O	O	N	E	R	O	R	T	Z	R	L	A
T	G	E	P	Q	R	J	R	A	B	I	X	I	A	N
H	R	A	M	H	L	G	H	S	P	V	D	B	I	T
E	X	D	E	L	I	O	E	R	E	E	Q	O	R	S
D	F	S	V	G	G	L	C	R	M	S	Z	U	S	A
Q	S	M	E	T	R	O	M	T	S	O	P	E	R	Z

ARRANGES
CANNING
CAPTIVES
CARIBOU
CHEERSES
CROONER
DIRECTIONALS
FORGERS
GASSING
GIBBON
LAIRS
LOUDMOUTHED
MINARET
MISREADS
OILED
PAILFUL
POSTMORTEMS
RESTAURANTS
SOLVERS
SQUALOR
TRAPEZE

Puzzle #35

Assorted Words 35

N	R	U	D	O	V	E	R	S	T	O	C	K	E	D
B	E	E	S	R	E	T	T	E	L	S	W	E	N	V
S	D	B	G	Q	S	T	H	T	G	E	K	N	H	K
R	U	A	G	R	I	O	O	R	E	A	V	Y	F	V
I	N	O	A	M	E	N	D	M	E	N	T	I	Y	D
D	D	L	I	Y	A	V	C	R	E	B	D	N	N	K
D	A	N	G	C	A	V	I	U	I	T	B	E	I	S
L	N	S	D	I	A	L	P	D	B	A	A	U	R	V
I	C	P	M	C	T	R	A	J	E	A	H	L	L	S
N	Y	I	P	P	E	D	G	T	P	T	T	E	A	B
G	Z	I	M	P	U	L	S	I	N	G	C	O	V	P
S	L	A	U	D	I	V	I	D	N	I	Q	A	R	K
S	H	O	R	T	N	E	S	S	O	N	I	X	X	Y
G	N	I	T	H	G	I	L	D	O	O	L	F	T	E
Q	S	S	E	N	I	H	C	N	U	A	R	X	Y	K

AMENDMENT
BLUBBER
DIVERGE
EMOTE
EXACTED
FLOODLIGHTING
GRACIOUS
HAIRDOS
IMPULSING
INCUBATOR
INDIVIDUALS
NEWSLETTERS
OVERSTOCKED
PALATE
PLAIDS
RAUNCHINESS
REDUNDANCY
RIDDLING
SHORTNESS
SNIVELS
TENDERS
VINTAGE
YIPPED

Puzzle #36

Assorted Words 36

L	D	E	T	N	E	M	E	V	A	P	Z	F	H	H
O	V	Y	L	P	P	I	T	T	E	D	K	R	U	C
R	N	G	N	I	R	E	H	T	O	M	S	H	N	H
A	O	S	O	C	T	D	E	D	R	O	W	E	C	E
C	D	O	A	K	O	D	R	I	B	L	E	T	H	C
E	X	E	O	E	G	N	I	B	B	A	D	O	B	K
C	R	E	L	L	U	R	C	S	N	M	G	R	A	E
O	X	I	D	I	Z	E	S	E	C	R	R	I	C	D
U	N	E	L	K	A	G	M	W	S	O	M	C	K	S
R	V	Q	J	H	Q	M	V	F	C	S	R	S	E	B
S	B	S	R	A	L	I	M	I	S	S	I	D	D	B
E	L	O	O	K	A	L	I	K	E	L	X	O	E	L
S	T	E	P	I	S	E	N	A	F	O	R	P	N	D
A	C	I	T	S	I	S	S	I	C	R	A	N	C	L
F	G	N	I	G	G	O	R	F	P	A	E	L	N	O

CHECKED
CONCESSION
CRULLER
DABBING
DISCORDED
DISSIMILARS
DRIBLET
ETHER
HUNCHBACKED
KHAKIS
LEAPFROGGING
LOOKALIKE
MAILED
NARCISSISTIC
OXIDIZES
PAVEMENTED
PITTED
PROFANES
RACECOURSES
RHETORIC
SMOTHERING
WORDED

Puzzle #37

Assorted Words 37

P	Y	V	A	N	C	S	H	E	A	T	H	I	N	G
A	Z	E	E	T	A	I	P	X	E	V	L	R	W	P
P	T	R	E	A	D	S	T	A	T	U	S	E	S	I
J	E	M	O	T	E	L	S	A	J	D	F	A	N	N
M	D	N	S	N	T	L	C	M	B	D	O	S	O	K
O	A	I	C	G	S	T	F	G	I	E	R	K	N	I
D	F	L	N	A	O	L	E	M	N	W	M	A	C	E
U	G	F	I	D	M	L	U	S	S	I	U	W	O	S
L	P	N	L	N	E	P	K	O	A	E	L	D	M	K
A	D	P	I	Y	G	N	E	C	F	R	A	L	M	N
T	U	L	U	P	S	E	T	D	A	E	H	R	I	A
I	A	A	F	E	P	E	R	U	I	B	B	P	T	B
N	T	T	F	R	O	O	R	E	R	G	K	X	T	M
G	G	E	N	H	X	G	L	E	R	E	O	N	A	T
M	A	H	T	P	K	X	S	P	H	S	D	Z	L	D

AIRHEAD
BACKLOGS
BEFOULS
BILLING
CADETS
DEWIER
ENCAMPED
EXPIATE
FORMULA
HERESY
INDENTURED
MALINGERERS
MODULATING
MOTELS
NONCOMMITTAL
PHRASE
PINKIES
PLATE
PLOPPING
SHEATHING
STATUSES
TREADS

Assorted Words 38

G	V	W	F	A	D	G	N	I	Y	F	I	T	O	N
M	D	P	Q	C	H	E	E	R	I	N	G	Y	B	I
T	N	T	H	S	S	E	S	P	O	C	K	E	T	S
F	O	D	H	A	D	C	T	S	W	A	S	P	I	R
I	R	P	E	X	R	O	S	E	E	Q	R	N	I	Z
J	T	E	R	N	Y	M	G	Y	R	R	A	O	Y	P
I	H	R	B	G	A	P	A	I	A	O	T	R	L	S
N	W	I	I	U	N	L	R	C	M	W	D	T	A	G
R	E	P	V	R	D	I	P	E	I	E	H	O	U	T
I	S	H	O	E	D	M	T	A	R	S	D	T	X	B
K	T	E	R	V	M	E	U	O	U	E	T	I	A	Y
I	W	R	O	E	Z	N	C	C	O	Q	F	S	I	P
S	A	I	U	N	H	T	Y	A	H	F	A	L	T	D
H	R	E	S	U	M	E	D	T	M	Y	W	A	I	M
A	D	S	R	E	E	D	E	U	Q	I	S	Y	H	P

AQUAPLANED
BUTTRESSED
CHEERING
COMPLIMENTED
DEMIGODS
FOOTING
HERBIVOROUS
HETERODOXY
JINRIKISHA
MACED
NORTHWESTWARD
NOTIFYING
PATHWAYS
PERIPHERIES
PHARMACISTS
PHYSIQUE
PILFERER
POCKETS
REVENUE
RIPSAWS

Puzzle #39

Assorted Words 39

S	U	O	I	N	O	M	E	R	E	C	K	T	Z	D
D	E	M	I	S	P	R	O	N	O	U	N	C	E	I
B	E	H	G	A	Q	O	X	I	C	I	N	E	S	S
O	L	Z	S	N	Z	D	I	S	A	B	L	E	S	S
Z	F	U	I	O	I	D	S	S	T	Q	C	Q	H	A
P	S	P	E	L	J	P	E	E	Z	S	E	Y	S	T
I	M	E	A	P	A	G	M	S	L	P	R	H	I	I
L	Q	Y	T	C	R	I	N	I	I	G	B	U	S	S
E	I	L	A	A	R	I	R	I	R	C	N	P	B	F
S	N	F	J	R	I	E	N	O	S	C	R	A	F	I
H	Y	Z	Y	T	D	R	A	T	M	O	X	O	P	E
U	I	Z	P	Q	P	A	U	G	E	E	P	G	X	S
N	E	A	R	S	T	Y	R	X	E	D	M	E	R	E
W	N	I	K	I	N	N	A	M	U	C	R	H	R	V
P	R	E	C	O	C	I	O	U	S	L	Y	F	Y	E

ACREAGE
BLUEPRINTED
BURSTS
CEREMONIOUS
CRIMPING
DISABLES
DISSATISFIES
EXORCISED
ICINESS
JOSHES
LUXURIATES
MANNIKIN
MEMORIALIZED
MISPRONOUNCE
NEARS
PILES
PRECOCIOUSLY
REPOSING
SPANGLES
YARDARMS

Puzzle #40

Assorted Words 40

B	D	E	R	E	T	S	U	L	F	T	S	K	P	T
N	Y	E	P	O	S	E	U	R	S	K	N	U	P	S
M	B	A	Q	S	P	I	N	O	F	F	D	X	X	S
T	A	T	V	U	J	Y	O	N	U	S	O	E	R	L
R	Q	D	R	A	I	N	A	G	E	D	T	H	U	E
O	S	A	N	O	R	V	A	H	V	C	I	R	S	E
L	H	R	P	E	N	B	O	T	J	G	N	C	S	T
L	E	A	E	P	S	U	A	C	M	P	G	O	E	E
O	E	J	H	T	O	S	S	L	A	R	S	R	T	D
P	R	N	B	O	N	I	T	O	E	T	M	O	T	H
S	I	U	Y	V	I	A	N	C	B	D	E	L	I	Y
U	N	R	A	T	E	D	C	T	R	O	N	L	N	K
S	G	U	Z	S	E	I	G	R	E	L	L	A	G	Y
T	N	E	R	E	V	E	R	R	I	D	N	R	C	Z
I	M	I	S	R	E	A	D	I	N	G	S	Y	Q	P

ALLERGIES
APPOINTED
BONITO
BOSUN
CANDELABRA
CANTERS
COROLLARY
DECIDUOUS
DOTINGS
DRAINAGE
EQUIVOCATE
FLUSTERED
IRREVERENT
MADNESS
MISREADINGS
POSEURS
RATED
RUSSETTING
SHEERING
SLEETED
SPINOFF
SPUNKS
TROLLOPS

Assorted Words 41

Q	D	E	T	A	I	R	O	C	X	E	O	J	S	P
A	N	C	P	S	G	N	I	V	I	D	E	S	O	N
B	L	U	F	F	E	R	E	C	L	N	E	F	C	B
M	G	O	F	U	Y	L	O	D	V	A	F	E	O	I
I	D	S	N	O	I	T	A	M	A	G	L	A	M	A
S	U	S	E	E	W	L	G	M	L	W	I	R	M	N
A	E	W	T	N	R	J	A	B	S	V	A	F	U	N
N	S	I	S	I	E	E	C	E	E	I	L	U	N	U
T	T	N	S	E	F	V	W	S	M	K	D	L	A	A
H	A	A	O	A	I	M	N	O	W	E	V	L	L	L
R	M	D	V	I	T	F	O	O	L	O	C	Y	L	C
O	P	E	P	E	L	S	F	C	C	L	T	E	Y	H
P	E	D	R	Z	R	L	C	I	S	J	E	W	I	D
E	D	T	E	W	D	N	E	E	J	I	X	M	O	P
S	E	E	T	U	S	R	I	H	E	C	D	S	L	K

ALONE
AMALGAMATIONS
BIANNUAL
BLUFFER
COMMUNALLY
CONVENES
DISCOMFITS
DISMALEST
ECSTASIES
EXCORIATED
FEARFULLY
HELLIONS
HIRSUTE
JIFFIES
KOWTOWS
MELLOWER
MISANTHROPES
NOSEDIVING
PIECEMEAL
STAMPEDE
TAVERN

Puzzle #42

Assorted Words 42

S	E	I	T	I	N	U	M	M	O	C	S	L	P	W
I	Y	L	E	V	I	T	C	U	R	T	S	B	O	A
H	Z	Z	C	B	E	D	I	W	N	O	I	T	A	N
P	E	N	C	H	A	N	C	E	L	L	E	R	Y	J
A	L	A	X	P	S	S	D	R	D	K	F	I	B	U
U	D	I	T	E	E	I	P	E	E	O	Y	L	W	G
P	G	E	F	H	M	R	L	H	R	D	C	O	M	G
E	A	L	L	E	E	I	S	O	A	E	N	E	V	L
R	Y	R	A	I	B	N	S	E	M	L	T	E	D	E
I	O	B	B	U	O	O	S	S	V	E	T	N	P	R
Z	F	P	B	E	Q	C	A	E	I	E	D	E	E	S
E	R	F	R	U	A	E	E	T	V	O	R	I	D	C
S	X	H	A	F	R	W	N	R	S	R	N	E	K	M
K	D	U	I	U	O	G	D	U	L	L	A	R	D	S
K	E	Q	L	S	Q	N	E	K	C	I	H	C	A	B

ASPHALTED
CARVE
CENTERED
CHANCELLERY
CHICKEN
COMMUNITIES
DECODE
DEMOLISH
DULLARDS
EMISSION
GRUBBY
HEATHENS
JUGGLERS
LIFEBOATS
NATIONWIDE
OBSTRUCTIVELY
PAUPERIZES
PERSEVERE
QUAFF
RECOILED
SPENDER
UNEQUAL

Assorted Words 43

P	B	A	T	M	E	G	A	H	E	R	T	Z	E	S
S	B	Z	C	E	V	C	N	I	B	B	L	E	R	S
O	S	K	S	E	S	U	O	H	T	H	G	I	L	R
F	R	E	A	R	I	S	E	N	E	K	L	G	Z	A
F	D	E	N	K	Z	N	R	Z	V	F	U	X	O	G
I	M	T	T	E	S	R	E	E	N	I	M	O	D	G
C	I	P	A	T	T	U	D	E	L	D	N	A	H	E
I	T	R	G	S	A	A	O	E	E	O	Q	C	S	D
A	I	P	O	T	G	W	R	I	S	B	R	X	E	E
T	G	O	N	N	B	E	S	I	C	O	B	A	Y	S
I	A	T	I	K	O	D	A	Y	X	A	P	D	C	T
N	T	T	S	R	J	R	B	G	L	E	L	P	A	O
G	E	I	M	V	F	J	K	P	L	F	M	L	O	W
E	D	E	S	A	E	N	T	H	R	A	L	Q	A	A
D	F	R	D	E	L	L	E	G	T	U	M	M	Y	F

ALGAE
ANTAGONISMS
ARISEN
CAROLERS
CONVINCES
DOMINEERS
ENTHRAL
FALLACIOUS
FLYSWATTER
GELLED
HANDLED
IRATENESS
KRONOR
LIGHTHOUSES
MEGAHERTZES
MITIGATED
NIBBLERS
OFFICIATING
OPPOSED
POTTIER
RAGGEDEST
TUMMY

Puzzle #44

Assorted Words 44

Y	R	E	V	A	L	S	P	I	P	R	O	W	S	E
S	S	E	T	A	R	A	L	I	H	X	E	C	Z	O
E	P	E	S	S	E	N	H	S	I	L	U	M	M	S
T	R	R	G	E	T	O	R	W	D	C	Y	Q	K	P
O	N	A	I	A	Z	Q	Y	O	U	N	G	M	P	E
U	C	E	F	N	T	L	U	B	B	S	M	U	R	C
R	G	B	U	R	G	L	A	R	I	Z	I	N	G	I
I	N	T	R	T	I	Y	O	F	O	X	L	B	R	F
S	F	Q	S	X	I	A	M	V	U	V	D	O	E	I
T	G	U	W	E	G	T	I	Y	S	P	E	S	V	C
S	B	T	H	G	I	S	S	J	L	D	W	O	E	A
M	T	R	U	E	I	N	G	N	Y	V	S	M	L	T
M	I	S	T	S	T	U	O	W	O	L	B	F	L	I
T	W	E	E	Z	E	R	S	B	L	C	B	Q	E	O
K	M	O	R	S	E	L	S	Q	G	R	Y	Y	R	N

AIRFARE
BLOWOUTS
BONIEST
BURGLARIZING
CONSTITUENT
DUBIOUSLY
EXHILARATES
MILDEWS
MISTS
MORSELS
MULISHNESS
PROWS
REVELLER
SIGHT
SLAVERY
SPECIFICATION
SPRINGY
TOURISTS
TRUEING
TWEEZERS
UNBOSOM
VOLTAGES
WROTE
YOUNG

Puzzle #45

Assorted Words 45

U	R	E	P	T	I	L	I	A	N	Z	Q	Q	L	M
I	M	P	A	D	V	E	X	E	B	K	T	F	F	V
R	I	F	E	S	T	E	W	E	U	N	R	U	L	Y
W	M	B	G	N	E	E	T	E	L	O	S	B	O	Q
S	V	U	R	E	G	I	M	E	G	P	R	J	C	D
T	A	M	G	N	I	H	C	R	I	B	M	E	D	S
S	N	R	S	D	A	S	L	A	E	C	D	O	S	A
A	H	E	O	Y	E	T	H	H	R	D	D	I	C	D
N	D	T	L	P	X	T	E	O	G	C	N	T	Z	D
G	P	I	R	L	R	O	F	M	V	N	O	A	N	L
U	E	B	A	A	E	O	R	E	M	E	L	T	W	E
I	B	X	R	P	E	P	C	A	L	O	L	G	U	B
N	T	P	H	X	E	N	E	N	P	C	R	L	Q	A
E	G	U	D	O	T	R	U	R	N	D	N	G	E	G
D	X	C	I	R	D	O	W	N	F	A	L	L	S	D

AUTOCRACIES
BIRCHING
BULGIER
CLEFTED
COMPLEX
CORPORAS
DOWNFALLS
GROMMET
OBSOLETE
PAROXYSM
REGIME
REPAID
REPELLENT
REPTILIAN
RIFEST
SADDLEBAG
SANGUINED
SHOVELLED
UNEARTHS
UNRULY
WANDER

Puzzle #46

Assorted Words 46

X	G	N	I	K	C	U	M	F	X	H	E	D	L	J
I	D	E	T	A	T	I	L	I	C	A	F	F	B	F
X	V	H	M	U	M	Y	L	L	A	N	R	U	I	D
Q	D	M	K	L	D	L	E	O	P	R	Q	J	D	U
S	U	W	Y	S	H	O	K	A	B	L	Z	R	H	I
S	G	N	I	G	G	U	H	C	L	A	O	J	S	L
P	O	R	H	O	R	A	F	P	O	U	I	P	X	L
I	U	I	E	A	P	C	N	G	C	L	P	D	S	U
F	T	C	J	T	N	G	H	S	A	P	B	O	S	M
F	R	W	L	R	L	Y	C	A	U	A	O	P	C	I
Y	O	U	O	E	N	I	M	A	L	A	C	K	L	N
K	F	H	I	P	V	Q	F	F	K	K	I	E	J	A
N	U	R	B	T	S	E	H	S	I	N	R	U	F	T
C	H	E	E	D	E	D	B	K	B	A	W	K	O	E
T	D	G	V	S	E	D	A	L	L	I	S	U	F	D

BEVEL
BLOCK
CALAMINE
CAULK
CHALK
CHUGGING
COPULAE
DIABOLIC
DIURNALLY
DUGOUT
FACILITATED
FILTER
FRUITED
FURNISHES
FUSILLADES
HEEDED
ILLUMINATED
MUCKING
MYNAH
PLOPS
SNAGS
SPIFFY

Puzzle #47

Assorted Words 47

I	N	C	U	B	A	T	O	R	S	M	M	G	S	P
C	O	O	P	E	R	A	T	I	V	E	S	L	U	O
N	Y	A	L	P	E	R	O	F	L	P	C	D	N	Q
H	Y	S	U	P	E	R	F	L	U	I	T	Y	P	U
E	C	T	Y	L	L	A	N	O	I	T	A	R	R	I
X	G	N	I	Y	F	I	L	P	M	E	X	E	E	R
P	K	A	Y	C	Z	O	L	P	B	P	S	P	C	K
A	I	P	T	S	I	K	Y	E	D	O	S	C	E	I
T	D	Q	E	S	A	T	G	D	C	L	T	T	D	E
I	D	O	Y	Q	A	B	N	R	Z	U	R	A	E	R
A	O	Q	F	H	K	N	I	E	L	G	U	B	N	H
T	S	G	N	I	T	L	A	H	H	U	P	G	T	Y
E	P	O	R	C	T	U	O	C	U	T	J	C	E	X
S	B	P	X	S	E	H	S	U	R	L	U	B	D	Y
U	S	T	O	M	K	S	P	I	H	S	G	A	L	F

AUTHENTICITY
BOTANY
BUGLE
BULRUSHES
CANASTA
COOPERATIVES
EXEMPLIFYING
EXPATIATES
FLAGSHIPS
FLOPPED
FOREPLAY
HALTINGS
INCUBATORS
IRRATIONALLY
KIDDOS
OUTCROP
QUIRKIER
SUPERFLUITY
SYNCH
UNPRECEDENTED

Assorted Words 48

C	I	H	U	Y	B	X	E	G	A	T	R	O	H	S
V	D	S	S	O	L	S	H	O	D	D	I	L	Y	P
T	B	E	T	E	E	B	L	S	I	G	H	S	D	U
R	N	T	L	E	M	V	A	I	Y	B	I	N	R	R
I	R	V	Y	E	T	O	O	F	F	C	N	Q	O	T
P	Y	E	T	F	L	A	R	L	F	L	Y	B	G	E
P	T	T	T	S	I	L	U	H	V	E	U	E	E	D
E	Z	S	I	T	E	C	A	Q	C	I	N	F	N	G
D	P	B	I	V	E	H	A	R	M	O	N	I	C	A
T	Y	A	O	N	A	L	S	P	A	U	N	G	D	F
B	L	U	B	B	E	R	S	R	Y	P	K	O	S	V
T	B	K	N	P	U	I	P	W	A	K	L	Z	M	O
T	A	R	I	F	F	D	G	E	E	H	A	U	W	O
B	M	O	B	I	L	I	T	Y	D	N	Y	N	V	I
G	N	I	D	E	C	E	R	P	H	Z	J	N	S	P

BLUBBERS
DEPRAVITY
EVOLVING
FULFILS
HARMONICA
HARSHEST
HYDROGEN
HYGIENIST
INEFFABLY
KUMQUAT
MOBILITY
MONOCHROMES
NEWSLETTER
PACIFY
PARALLELED
PRECEDING
SHODDILY
SHORTAGE
SIGHS
SNAKY
SPURTED
TARIFF
TRIPPED

Assorted Words 49

Z	C	D	H	O	R	E	S	A	H	C	R	U	P	F
Q	B	O	D	Y	W	O	R	K	R	E	T	N	A	R
U	Y	C	M	N	T	S	E	I	L	B	M	U	R	C
A	J	K	N	H	U	P	K	D	H	U	C	D	T	R
G	O	Y	A	J	C	O	L	S	W	F	B	O	U	O
M	D	A	U	V	J	A	H	I	A	O	Z	I	G	U
I	H	R	K	I	O	T	Z	D	G	L	I	P	F	G
R	P	D	R	C	F	T	F	W	O	H	F	Q	L	H
I	U	S	A	I	T	I	L	I	M	O	T	X	A	E
N	R	A	L	L	E	R	G	I	E	S	L	I	U	N
G	S	T	N	E	M	E	V	A	E	R	E	B	N	S
I	E	I	R	R	E	D	D	E	R	G	V	E	T	G
P	W	R	A	U	Y	F	I	R	T	C	E	L	E	H
C	L	S	E	T	A	N	G	E	R	P	M	I	D	V
Q	Y	T	I	E	N	E	G	O	R	E	T	E	H	V

ALLERGIES
ATTIRED
BEREAVEMENTS
BLOODHOUND
BODYWORK
BULKS
CRUMBLIEST
DOCKYARDS
ELECTRIFY
FLASKS
FLAUNTED
HETEROGENEITY
IMPREGNATES
JODHPURS
MILITIAS
PLIGHTING
PURCHASER
QUAGMIRING
RANTER
REDDER
ROUGHENS

Puzzle #50

Assorted Words 50

U	F	T	H	I	R	B	W	V	J	R	E	P	I	W
C	A	C	H	L	D	E	M	A	R	G	A	I	D	C
M	C	Y	A	S	O	D	F	S	Y	Z	S	L	J	O
C	T	T	J	N	L	C	G	N	W	O	T	P	S	N
G	O	R	E	K	N	L	V	W	O	F	B	F	T	D
S	R	T	X	S	H	O	O	X	X	C	O	S	E	E
E	I	U	P	Q	A	T	N	R	Q	O	U	L	P	N
C	Z	C	K	Z	D	H	N	E	T	U	N	A	P	S
U	A	E	N	C	G	E	C	W	D	R	D	T	E	A
R	T	M	G	O	A	S	K	J	U	S	B	H	S	T
I	I	E	A	A	N	J	B	R	O	E	F	E	M	I
T	O	N	Z	T	N	R	R	P	A	S	J	R	L	O
Y	N	T	J	J	N	I	B	A	U	B	L	E	N	N
H	F	S	O	D	T	A	L	H	C	W	S	D	D	S
T	C	J	X	D	M	F	B	O	R	D	I	N	A	L

BANTAM
BARKED
BAUBLE
BEDCLOTHES
CANNONED
CARJACK
CEMENTS
CHASE
CONDENSATIONS
CONFER
COURSES
DIAGRAMED
EASTBOUND
FACTORIZATION
LINAGE
ORDINAL
ROLLS
SECURITY
SLATHERED
STEPPES
WIPER

Assorted Words 51

O	I	N	T	E	R	S	T	E	L	L	A	R	P	U
R	S	T	N	A	L	P	M	I	A	M	Q	H	A	O
E	T	I	R	Y	G	N	A	M	T	F	W	Z	U	G
S	D	I	S	P	L	A	C	E	L	X	Y	T	X	C
I	B	O	G	E	Y	E	D	Y	L	L	A	N	I	F
S	L	S	S	Q	X	T	S	I	M	E	H	C	L	A
T	N	I	N	Y	Z	G	R	U	U	C	V	N	I	Z
I	F	O	J	D	E	I	D	O	R	A	P	F	A	S
N	E	N	O	B	N	I	H	S	C	T	A	N	R	H
G	N	S	L	L	A	B	D	N	A	H	S	G	Y	R
Z	S	D	U	O	L	C	H	F	K	I	E	B	P	I
V	M	S	E	S	S	A	P	M	O	C	T	E	A	V
T	E	P	P	I	N	S	B	O	N	I	E	R	A	I
Q	R	V	L	B	M	R	E	D	Y	H	C	A	P	N
S	E	D	A	R	G	N	W	O	D	U	M	H	E	G

ABSTRUSELY
ALCHEMIST
AUXILIARY
BALLOONS
BOGEYED
BONIER
CLOUDS
COMPASSES
DISPLACE
DOWNGRADES
FINALLY
HANDBALLS
IMPLANTS
INTERSTELLAR
MANGY
PACHYDERM
PARODIED
RESISTING
SHINBONE
SHRIVING
SNIPPET
TROCHEE

Puzzle #52

Assorted Words 52

P	D	M	B	D	E	D	O	M	M	O	C	S	I	D
F	B	D	E	F	E	A	T	I	S	T	S	X	N	L
L	L	I	E	L	B	K	C	P	A	E	S	A	I	A
O	M	R	R	Z	G	N	I	N	I	L	T	U	O	T
W	V	T	M	C	I	S	S	L	F	P	J	L	T	I
E	I	G	H	T	H	L	E	O	D	D	R	T	Q	T
R	E	G	N	I	S	O	A	U	H	O	F	G	T	U
B	D	E	V	O	O	R	G	T	G	C	G	A	I	D
E	S	S	J	D	Z	D	E	D	U	I	N	B	S	E
D	F	B	A	F	F	F	I	I	N	R	T	O	U	S
S	Q	Y	C	U	E	N	O	D	N	A	B	A	H	X
F	P	K	K	F	T	L	J	M	L	W	Y	V	F	P
O	T	X	E	K	I	Y	T	Y	D	U	O	L	C	A
K	U	S	T	N	U	P	A	S	L	E	P	R	A	C
F	K	Z	S	E	K	O	R	T	S	Y	E	K	B	P

ABANDON
BIRCH
BROWNIER
BRUTALIZED
CARPELS
CLOUDY
DEFEATISTS
DISCOMMODED
EIGHTH
FATIGUES
FELTS
FLOWERBEDS
GODLIKE
GROOVED
HONCHOS
JACKETS
KEYSTROKES
LATITUDES
OUTLINING
PUNTS
SINGER

Puzzle #53

Assorted Words 53

H	M	E	N	A	G	E	R	I	E	N	C	H	V	T
N	M	F	I	Z	Z	Y	Q	D	W	F	Q	L	K	E
M	J	S	H	Y	P	O	T	E	N	U	S	E	T	L
J	P	S	C	U	R	V	Y	M	D	F	O	D	N	A
C	I	C	L	U	S	T	E	R	E	D	V	G	A	N
G	O	G	H	A	D	K	R	N	D	A	L	E	I	K
P	N	M	G	A	S	O	N	Q	L	B	N	R	L	I
O	L	I	P	I	S	R	V	Z	O	I	X	T	L	E
S	C	Q	W	L	N	U	O	I	P	D	L	O	I	S
I	Z	Z	A	O	A	G	B	D	K	V	C	T	B	T
T	G	O	W	P	T	I	U	L	R	A	Z	Z	E	S
I	V	X	T	Q	W	J	S	S	E	B	D	F	R	D
O	T	L	T	N	I	S	S	A	S	S	A	X	A	S
N	S	R	A	S	A	U	Q	G	N	I	X	U	L	F
S	E	L	B	A	N	I	M	R	E	T	N	I	E	E

ASSASSIN
CHASUBLES
CLUSTERED
COMPLAISANT
DORSALS
FIZZY
FLUXING
HYPOTENUSE
ILLIBERAL
INTERMINABLE
JIGGING
LANKIEST
LEDGER
LILTED
MEANT
MENAGERIE
POSITIONS
QUASARS
RAZZES
SCURVY
TOWING

Puzzle #54

Assorted Words 54

Y	O	S	E	C	N	E	R	E	F	F	I	D	J	C
G	S	D	L	A	E	R	I	O	T	O	U	S	N	M
L	A	C	O	V	S	C	B	E	G	G	A	R	X	I
O	G	A	W	A	P	H	A	A	G	H	B	N	D	R
O	U	D	I	L	I	V	N	F	Z	S	O	Z	I	A
K	S	G	N	I	R	B	J	L	D	T	P	W	L	C
O	S	I	G	E	E	P	O	A	U	L	C	Q	E	L
U	E	N	D	R	S	Y	I	M	E	E	O	E	T	E
T	T	G	U	O	H	U	S	P	B	V	T	B	T	S
S	S	R	R	J	C	E	T	R	V	E	I	B	A	U
P	R	I	O	R	I	T	Y	E	R	L	R	S	N	E
R	E	L	A	B	E	L	O	Y	X	E	C	M	T	E
F	X	N	A	I	F	F	U	R	C	S	Z	L	I	R
Z	S	R	E	D	N	U	A	L	E	T	D	A	S	M
E	G	R	A	H	C	R	E	V	O	D	X	Q	M	P

BANJOIST
BEGGAR
BOLDFACE
BOMBER
BRINGS
CADGING
CAVALIER
DIFFERENCES
DILETTANTISM
DOCTORED
GUSSETS
LAMPREY
LAUNDERS
LEVELEST
LOOKOUTS
LOWING
MIRACLES
OVERCHARGE
PRIORITY
RELABEL
RIOTOUS
RUFFIAN
SPIRES

Assorted Words 55

G	T	S	E	I	T	F	E	H	U	M	I	D	O	R
J	V	P	M	X	D	E	H	C	A	E	R	P	X	L
Y	P	M	U	R	F	D	J	S	H	O	D	D	Y	O
N	M	X	B	X	O	Z	S	D	K	E	K	K	W	L
A	O	T	A	E	N	F	R	N	E	O	A	U	M	L
T	T	X	Y	P	G	C	I	J	E	P	Z	Q	O	Y
I	I	S	N	O	T	R	A	C	A	T	R	B	O	P
O	V	F	U	D	O	U	U	G	U	Y	R	U	N	O
N	A	O	D	T	Z	C	U	D	S	R	A	A	B	P
A	T	Z	U	W	U	I	H	Y	G	Y	C	P	E	S
L	I	C	Y	C	D	A	A	N	N	E	X	G	A	H
I	O	J	B	V	H	L	G	R	K	E	C	R	M	P
Z	N	O	I	T	C	I	D	S	I	R	U	J	S	Z
E	A	H	S	I	K	I	R	N	I	J	O	M	I	R
S	L	D	N	U	O	B	E	S	U	O	H	J	S	H

ANNEX
BEGRUDGE
BURPED
CARTONS
CRUCIAL
CRUCIFORMS
FRUMPY
HEARTENS
HEFTIEST
HOUSEBOUND
HUMIDOR
JINRIKISHA
JURISDICTION
LOLLYPOPS
MOONBEAMS
MOTIVATIONAL
NATIONALIZES
PAPAYA
PREACHED
SHODDY
VOUCH

Puzzle #56

Assorted Words 56

B	X	C	Z	N	E	F	S	D	N	U	F	E	R	G
U	I	F	H	G	C	S	T	S	I	N	A	M	U	H
G	K	K	Z	A	I	R	S	T	R	I	P	S	O	H
B	J	U	Y	T	N	L	U	K	G	E	R	C	B	A
T	I	U	N	G	D	T	H	A	C	N	I	Y	U	W
C	H	U	M	M	I	E	S	B	T	A	I	R	H	K
D	D	E	R	I	U	Q	N	E	W	N	B	B	D	E
O	Q	B	T	J	W	T	T	L	D	D	E	T	O	R
B	Z	S	I	O	O	U	T	L	E	T	S	C	U	R
E	D	I	S	A	P	P	O	I	N	T	I	N	G	C
L	W	D	E	N	O	M	I	N	A	T	E	S	V	B
I	Z	G	Z	Y	X	F	P	G	R	I	M	I	E	R
S	K	R	O	F	H	C	T	I	P	T	S	F	F	W
K	I	N	V	E	S	T	I	G	A	T	E	Y	X	N
S	C	W	T	S	E	R	O	O	P	K	K	G	H	Y

AIRSTRIPS
BELLING
CENTAUR
CHANTS
CHUMMIES
CUTBACKS
DENOMINATES
DISAPPOINTING
DRIERS
ENQUIRED
GRIMIER
HAWKER
HUMANISTS
INVESTIGATE
OBELISKS
OUTLETS
PITCHFORKS
POOREST
REFUNDS
ROBING

Puzzle #57

Assorted Words 57

P	T	V	S	E	S	P	R	O	C	L	U	B	J	H
D	O	B	S	C	U	R	E	R	A	W	T	F	O	S
Y	E	R	D	S	L	S	L	L	I	R	D	N	A	M
P	K	V	I	E	E	A	J	K	M	X	W	I	A	K
A	S	W	L	N	I	L	B	T	P	I	H	R	O	D
T	T	S	A	A	S	T	E	O	O	D	I	O	M	T
E	E	X	W	G	S	C	I	H	R	I	L	C	A	S
N	N	A	G	O	N	I	Z	E	T	A	S	O	I	U
T	C	N	L	J	O	I	T	A	S	R	T	C	L	P
I	H	C	B	W	F	M	C	R	T	Y	E	O	E	P
N	E	H	E	A	D	S	T	R	O	N	G	V	R	L
G	D	B	Y	R	U	N	A	R	O	U	N	D	E	Y
L	S	I	D	E	W	A	L	K	S	V	G	S	O	N
S	E	C	R	E	T	A	R	Y	N	Q	I	H	N	W
F	A	O	V	E	R	P	A	S	S	C	G	D	Q	U

AGONIZE
CORPSES
DEITIES
DIVORCING
GAWKY
HEADSTRONG
IMPORTS
LABORATORY
MAILER
MANDRILLS
NEVERTHELESS
OBSCURER
OVERPASS
PATENTING
ROCOCO
RUNAROUND
SALVED
SECRETARY
SIDEWALKS
SOFTWARE
STENCHED
SUPPLY
TROUGH
WHILST

Puzzle #58

Assorted Words 58

D	E	L	D	N	A	H	N	A	M	C	V	H	L	I
I	H	G	G	U	S	T	E	L	B	U	S	N	G	W
N	S	D	Z	A	S	D	O	L	E	D	G	I	A	I
E	S	E	B	S	L	U	E	B	X	S	D	D	N	L
T	V	L	T	C	I	L	O	Z	S	J	S	E	G	I
T	W	I	O	A	G	S	I	T	I	T	Q	E	R	N
E	R	V	T	R	L	N	A	V	N	R	E	R	E	E
C	V	E	R	A	T	U	I	R	A	E	P	S	N	S
M	M	R	I	E	T	A	C	N	H	N	T	E	E	S
Q	Z	Y	K	K	I	O	P	O	O	P	T	R	R	B
V	U	L	G	A	R	T	N	E	N	G	I	I	O	Y
P	O	D	U	E	D	E	S	N	E	I	G	R	N	P
N	B	Q	C	Z	N	X	P	U	O	L	S	O	E	G
D	E	H	S	I	N	R	A	T	R	C	S	G	D	P
A	G	F	M	R	E	H	S	I	L	B	U	P	B	M

BESETS
CONNOTATIVE
DELIVERY
DINETTE
DOGGONING
GALLIVANTING
GANGRENE
INOCULATES
LESSEES
MANHANDLED
PATROLS
PERIPHRASIS
PERKIER
PORTENTOUS
PUBLISHER
REPRIZED
RUSTIER
SLEEP
SUBLETS
TARNISHED
VULGAR
WILINESS

Puzzle #59

Assorted Words 59

H	T	G	M	S	F	E	R	T	I	L	I	Z	E	R
V	J	L	X	O	U	A	B	F	O	X	E	D	W	K
Q	B	W	B	L	E	E	P	I	N	G	A	P	F	P
R	E	H	T	A	O	L	Y	G	R	E	N	Y	S	H
P	E	L	N	O	K	G	N	I	H	C	U	O	T	O
Y	R	I	R	R	A	C	R	U	M	B	I	E	S	T
A	T	U	R	Y	S	D	Q	J	N	P	S	R	S	O
V	H	A	N	A	T	R	E	S	C	A	P	E	D	S
E	I	H	R	I	O	P	E	R	T	S	Z	P	D	E
R	N	H	F	R	N	H	M	T	I	C	T	N	A	S
T	N	P	O	A	I	G	Y	E	I	V	B	A	C	G
I	E	B	R	P	S	E	V	E	I	L	E	B	P	F
N	R	B	A	I	H	P	S	E	L	P	P	I	T	S
G	U	Y	Y	B	E	E	C	H	N	U	T	D	R	N
S	D	Z	S	E	D	A	L	G	R	E	V	E	U	X

ASTONISHED
AVERTING
BEECHNUT
BELIEVES
BLEEPING
CRUMBIEST
DERIVE
EMPTY
ESCAPED
EVERGLADES
FERTILIZER
FORAYS
FOXED
HOARIER
LITER
LOATHER
PHOTOS
PRUNING
SPATS
STIPPLES
SYNERGY
TARRIES
THINNER
TOUCHING

Assorted Words 60

T	L	Z	C	F	T	S	F	S	R	O	S	N	E	T
L	U	A	X	E	S	S	S	L	E	E	J	Y	M	Y
N	I	F	N	W	E	N	E	E	O	B	N	O	Y	Q
D	P	T	A	O	C	G	O	I	L	U	O	I	X	B
S	E	V	H	I	I	O	A	I	G	E	R	R	A	Q
H	R	C	Y	O	G	T	O	T	T	G	S	E	T	V
I	T	H	A	A	G	L	A	K	N	A	U	N	D	S
P	E	U	S	R	T	R	I	V	E	E	L	M	E	H
L	R	E	M	I	B	S	A	T	I	R	C	U	I	S
O	J	K	Z	B	B	M	E	P	T	T	Y	R	M	O
A	Y	U	G	B	E	B	E	D	H	E	O	I	E	E
D	W	K	M	Y	P	R	U	H	D	E	R	M	W	P
E	V	I	T	C	I	D	E	R	P	A	R	Y	M	N
G	N	I	N	I	T	A	S	Z	T	U	B	B	I	K
T	P	O	C	C	U	R	R	E	N	C	E	P	R	G

BADDEST
COOKERY
EMBRACED
EMULATIONS
FLOURED
GLITTERY
KIBBUTZ
LITHOGRAPHER
MOTIVATIONAL
MUGGIEST
OCCURRENCE
PERCENTAGE
PERTER
PREDICTIVE
RUBBISH
SATINING
SENSELESS
SHIPLOAD
STROBES
TENSORS
UMBER
VAINER

Puzzle #61

Assorted Words 61

Z	M	H	B	E	N	C	H	M	A	R	K	L	J	M
G	Y	L	B	A	R	T	S	N	O	M	E	D	S	S
R	J	L	J	Y	L	E	N	I	T	S	E	T	N	I
I	E	P	M	V	D	L	R	E	N	O	W	N	E	D
G	N	I	I	T	E	R	E	E	R	F	E	R	A	C
F	N	S	L	E	R	M	A	R	K	C	U	B	S	J
C	E	F	I	L	G	E	L	H	I	E	X	F	R	U
T	G	J	O	N	I	N	K	F	I	N	K	R	P	D
J	N	W	A	O	U	H	I	C	A	Y	A	E	R	I
D	E	T	E	C	T	A	B	L	E	N	D	S	E	C
U	R	Y	T	V	U	I	T	G	L	H	F	H	S	I
S	U	R	F	E	D	L	N	E	Q	O	C	E	T	O
S	F	F	I	N	S	U	A	G	Y	J	T	R	I	U
O	N	I	R	T	U	E	N	T	S	J	B	X	G	S
H	E	P	A	T	I	T	I	S	E	Y	G	S	E	W

BALLERINAS
BENCHMARK
BLENDS
BUCKRAM
CAREFREE
CHECKER
DEMONSTRABLY
DETECTABLE
EJACULATE
EXTOLLING
FOOTINGS
FRESHER
HARDY
HEPATITIS
HILLIER
INSINUATE
INTESTINE
JUDICIOUS
NEUTRINO
PRESTIGE
RENOWNED
SNIFFS
SURFED

Puzzle #62

Assorted Words 62

F	K	C	H	I	N	C	R	I	M	I	N	A	T	E
D	E	R	E	D	W	O	P	T	U	U	N	H	H	R
O	K	V	H	L	D	C	Z	U	U	X	K	O	O	Y
F	O	T	S	C	A	E	C	O	T	R	N	W	T	B
P	W	P	E	E	A	C	T	O	B	U	N	S	E	U
P	A	Z	S	G	I	D	I	U	L	W	C	O	L	T
T	T	H	E	E	N	R	I	R	O	D	O	E	I	T
G	I	W	I	X	S	I	A	S	D	L	N	V	E	O
S	E	D	L	X	H	V	N	S	A	N	F	E	R	C
E	W	I	U	S	O	I	B	M	S	G	I	R	S	K
J	S	O	Z	A	I	N	B	N	Y	I	R	L	H	S
L	L	P	L	S	L	G	V	I	F	H	M	E	Y	H
L	R	J	A	L	C	P	X	D	T	Y	S	E	E	C
R	I	A	D	L	A	H	Y	M	N	S	O	L	E	D
X	D	I	J	H	E	M	G	S	T	I	W	T	I	N

BUTTOCKS
COLDNESS
CONFIRMS
CUTUP
CYLINDRICAL
DISAGREED
DRIVING
ELAPSE
EMISSARIES
EXHIBITS
FLOUTED
HOTELIERS
HOWSOEVER
HYMNING
HYMNS
INCRIMINATE
MALLOWS
NITWITS
OOPSES
PLAUDIT
POWDERED

Assorted Words 63

I	S	T	W	R	I	N	C	I	V	I	L	I	T	Y
N	W	C	S	S	E	I	L	P	P	U	S	E	R	S
J	O	P	L	E	S	I	S	K	E	I	R	H	S	O
X	R	T	Y	I	S	E	L	O	P	G	A	L	F	R
H	J	E	K	K	V	S	S	E	X	Y	E	T	Z	E
R	N	D	I	N	U	E	A	S	C	Q	W	W	Q	F
W	E	O	F	L	A	Y	S	R	E	N	I	H	T	U
A	K	I	I	I	D	L	N	Z	C	N	I	I	Y	R
X	V	C	N	S	G	N	P	W	T	A	L	R	I	N
I	X	D	E	D	A	H	E	H	H	X	E	L	P	I
N	H	D	H	H	E	U	T	I	C	E	F	I	I	S
E	Z	E	E	B	C	E	S	I	R	C	W	G	Q	H
S	W	O	U	L	D	E	R	R	N	F	Z	I	S	I
S	P	U	M	I	N	G	R	S	E	G	T	G	N	N
R	E	T	R	E	A	T	E	D	U	P	H	R	N	G

CRASSEST
FIGHTING
FLAGPOLES
FLAYS
FRIENDLIER
HADED
ILLNESSES
INCIVILITY
LIVES
PERSUASION
PLANKTON
PRINCELIER
RECHECK
REFURNISHING
REINDEERS
RESUPPLIES
RETREATED
SHRIEKS
SPUMING
WAXINESS
WHEWING
WHIRLIGIG
WOULD

Puzzle #64

Assorted Words 64

S	I	H	I	J	F	U	J	X	M	X	S	N	U	Q
A	M	W	O	I	A	N	A	U	H	I	R	A	M	P
I	P	C	E	P	C	C	C	F	X	N	H	U	P	H
N	R	Q	T	N	E	M	E	L	C	N	I	G	T	A
E	I	W	U	U	T	L	H	L	C	Q	B	H	E	N
S	N	T	H	G	I	W	E	N	P	W	P	T	E	T
S	T	I	M	Z	N	M	D	S	S	J	L	S	N	A
E	I	H	K	Q	G	Z	Y	M	S	Z	E	X	T	S
N	N	C	B	S	E	M	B	R	Y	O	A	Q	H	M
T	G	E	Y	L	T	N	E	D	N	O	P	S	E	D
I	L	Y	M	P	H	A	T	I	C	S	F	Y	R	Q
A	Y	H	X	I	P	F	O	S	H	O	R	T	O	Z
L	B	X	J	X	D	A	Y	G	F	C	O	P	T	Q
S	E	L	E	C	T	O	R	A	L	H	G	C	I	B
K	T	N	A	N	E	V	O	C	K	V	N	B	C	D

COVENANT
CRAPPY
DESPONDENTLY
ELECTORAL
EMBRYO
EROTIC
FACETING
GOATSKIN
HOPELESS
IMPRINTING
INCLEMENT
INESSENTIALS
LEAPFROG
LYMPHATICS
MARIHUANA
NAUGHTS
PHANTASM
SHORT
UMPTEENTH
WIGHT

Assorted Words 65

```
L I C A L M E S T T E S T E R
B E L T E D R A F T I E S T E
S U S T S I Y B B O L H V Q C
H Y Z E D O E M I T E F I L E
E T G N I S S E R D N U V S I
L L G D E R O L P E D W A O V
L E G I B N V W N L O A I G A
I F B N G N G L L U C R N G B
N Q I G A A A O P P R I G I L
G F G Q J J Y D R L I E P E E
S K C I R B D L O G N S O S S
S L L A F N I A R T E T O T M
J L A N D S C A P E S D R O J
B H Y W U G P R E P P I E S T
R G T E U C E N A C I R R U H
```

ATTENDING
BELTED
CALMEST
DEPLORED
DRAFTIEST
DRESSING
ENDOCRINES
ENGORGED
GOLDBRICKS
HURRICANE
JANGLE
LANDSCAPES
LIFETIME
LOBBYISTS
POORER
PREPPIEST
RAINFALLS
RECEIVABLES
SHELLING
SOGGIEST
TESTER
VIVAING
WARIEST

Puzzle #66

Assorted Words 66

J	X	K	L	D	B	N	I	H	I	L	I	S	T	S
O	P	C	D	P	O	L	I	C	E	W	O	M	A	N
S	P	H	C	H	G	N	I	S	R	A	E	H	E	R
E	K	I	S	S	E	N	I	K	S	U	H	J	O	S
Z	N	R	P	K	G	R	O	S	S	E	S	F	L	U
B	R	O	A	D	E	N	A	X	J	O	K	E	S	R
L	M	P	R	X	G	I	O	L	N	V	H	F	R	C
O	U	O	D	D	D	E	H	T	D	W	U	H	G	E
C	N	D	R	E	R	O	H	S	A	R	O	T	L	A
U	K	I	R	P	N	F	S	E	I	B	Y	S	B	S
T	E	S	H	Z	H	E	D	U	L	E	D	C	I	E
I	M	T	B	L	A	E	Z	N	D	F	C	U	E	D
O	P	P	Y	G	T	X	M	A	P	U	C	N	O	C
N	T	Y	L	L	U	F	T	E	R	F	R	Q	F	M
S	M	R	E	D	Y	H	C	A	P	B	A	R	F	T

ASHORE
BATON
BRAZENED
BROADEN
CHIROPODIST
DELUDE
DISOWN
DRONE
FRETFULLY
GROSSES
HERALDRY
HUSKINESS
JOKES
LOCUTIONS
MORPHEME
NIHILISTS
PACHYDERM
POLICEWOMAN
REHEARSING
SURCEASE
UNKEMPT

Puzzle #67

Assorted Words 67

T	E	N	T	H	R	M	D	S	A	S	A	S	A	E
V	I	C	D	S	J	D	M	E	M	L	N	H	K	O
Y	W	N	N	E	E	P	B	Y	G	E	C	U	K	V
J	O	J	B	A	F	I	M	V	L	D	L	X	H	G
O	J	W	A	J	Z	O	V	N	A	R	E	B	G	S
Y	M	U	L	U	C	I	R	R	U	C	A	T	M	H
O	R	R	H	S	N	L	N	M	U	W	V	E	L	E
U	F	E	E	A	E	D	S	G	I	C	E	Q	N	N
S	K	E	T	F	G	X	I	F	O	T	S	R	E	C
N	I	Y	I	S	U	G	E	C	I	C	I	L	Z	H
E	R	U	W	S	E	S	L	L	I	E	S	E	S	M
S	Q	I	C	Z	T	D	A	E	P	N	F	B	S	E
S	T	R	E	V	N	I	O	L	D	U	G	S	Q	N
M	S	G	N	I	N	A	E	M	S	F	D	F	R	P
T	A	X	F	I	R	E	C	R	A	C	K	E	R	S

CLEAVES
COGNIZANCE
CURRICULUM
DEFORMITIES
DUPLEXES
EDGED
EMBLEMS
FEISTIER
FIEFS
FIRECRACKERS
HAGGLED
HENCHMEN
INVERT
JAUNDICING
JOYOUSNESS
MEANINGS
MODESTER
NEARLY
REFUSALS
SCURVIEST
SHUNS
TENTH

Assorted Words 68

O	C	C	G	R	E	I	T	N	A	C	S	L	P	S
V	S	O	N	N	S	D	A	L	L	I	E	D	R	U
D	E	M	N	O	I	Y	H	E	I	E	P	P	E	P
M	N	P	A	T	N	E	P	S	T	Z	B	L	S	E
C	T	A	M	L	A	C	I	H	S	S	S	A	O	R
S	E	R	T	F	D	M	H	P	O	K	O	I	L	C
H	N	A	O	E	T	E	I	A	L	N	L	P	V	H
A	C	T	G	S	V	N	B	N	L	X	I	S	I	A
L	I	I	G	T	O	Q	I	O	A	A	R	N	N	R
L	N	V	L	E	S	D	F	R	S	T	N	X	G	G
O	G	E	E	R	C	R	O	U	P	S	E	C	A	E
T	H	S	S	E	T	R	O	D	X	S	I	S	E	K
S	F	H	S	D	S	E	Z	I	R	E	V	L	U	P
R	E	L	J	O	C	U	N	D	Z	T	J	D	Y	B
I	D	Y	O	V	E	R	T	U	R	N	E	D	N	Q

BEDLAMS
BOSSILY
COMPARATIVES
CONTAMINATES
CROUPS
DALLIED
DODOS
FESTERED
JOCUND
LABEL
NONCHALANCE
OVERTURNED
PIEING
PULVERIZES
RESOLVING
RIPOSTE
SCANTIER
SENTENCING
SHALLOTS
SPRINT
SUPERCHARGE
SYPHONING
TOGGLES

Puzzle #69

Assorted Words 69

L	I	Z	O	J	O	F	F	D	S	V	A	R	J	U
A	S	Y	A	M	C	G	U	S	E	D	A	I	A	N
D	B	P	U	L	B	C	S	L	U	R	S	W	B	A
B	V	T	O	U	T	E	D	A	Q	R	U	U	B	S
S	R	L	S	O	A	V	T	I	R	A	O	T	H	S
T	N	U	F	I	T	U	T	R	N	B	T	G	A	U
P	S	O	T	B	T	S	T	F	A	E	B	S	C	M
U	I	E	P	A	N	F	E	O	N	Y	T	I	K	I
R	G	R	M	R	L	E	E	I	W	K	E	T	L	N
P	Z	N	S	M	A	I	D	L	D	O	D	D	E	G
L	C	O	I	K	U	T	T	D	C	A	R	W	S	S
E	M	Z	M	D	G	B	W	Y	E	Q	E	K	H	A
S	W	P	X	S	E	G	A	C	D	R	I	B	E	A
M	O	R	T	U	A	R	Y	J	S	N	G	I	E	R
F	E	Z	I	D	I	S	B	U	S	T	O	M	J	L

AIRFOIL
AUTOWORKER
BEADIEST
BETRAYED
BIRDCAGES
BREDING
BRUTALITY
BUMMEST
DINETTES
HACKLES
LEFTIST
MATURED
MORTUARY
NAIADES
PURPLES
REDDEN
REIGNS
SLURS
STOOPS
SUBSIDIZE
TARPONS
UNASSUMING

Puzzle #70

Assorted Words 70

O	C	C	I	D	E	N	T	A	L	J	Q	Z	V	O
N	N	B	D	E	N	E	K	R	A	E	H	S	R	J
O	W	T	A	E	B	W	K	R	I	G	G	I	N	G
T	E	Y	R	I	Q	U	A	R	T	E	R	A	G	G
I	L	D	A	I	R	Y	M	A	I	D	S	G	C	K
C	E	W	H	D	C	U	S	P	A	R	R	E	R	Y
E	C	O	M	P	O	U	N	D	I	N	G	D	D	V
B	T	R	R	I	R	S	S	E	N	E	M	A	G	K
O	R	G	R	N	D	U	E	E	S	U	S	I	M	L
A	I	A	A	B	I	E	J	E	L	B	A	T	S	Q
R	C	N	E	R	A	D	I	C	A	T	E	D	Y	E
D	I	S	G	E	L	E	D	G	E	R	E	D	L	R
E	A	I	S	E	I	C	A	R	C	O	T	U	L	P
K	N	N	Z	D	T	U	S	T	A	F	F	L	N	S
S	P	A	O	S	Y	O	U	T	L	I	V	I	N	G

BUMPIEST
COMPOUNDING
CORDIALITY
DAIRYMAIDS
ELECTRICIAN
ERADICATED
GAMENESS
HEARKENED
INBREEDS
LEDGERED
LEGACY
MISUSE
NOTICEBOARD
OCCIDENTAL
ORGANS
OUTLIVING
PLUTOCRACIES
QUARTER
RIGGING
SOAPS
SPARRER
STABLE
STAFF

Puzzle #71

Assorted Words 71

H	P	S	C	O	E	X	I	S	T	S	G	K	A	S
A	H	N	G	L	K	F	E	R	R	E	T	I	N	G
Y	I	P	O	N	A	R	Z	U	C	R	V	P	W	L
M	L	E	V	S	I	P	U	D	E	I	R	R	A	M
I	O	R	E	E	R	R	B	E	R	I	L	R	I	O
N	S	J	R	I	L	U	E	O	T	N	A	E	M	D
O	O	U	R	S	L	B	K	D	A	U	K	B	B	U
R	P	R	I	L	D	E	A	A	I	R	A	I	V	L
I	H	E	D	K	E	N	L	N	N	S	D	H	T	A
T	E	R	D	R	U	D	A	C	E	E	N	E	X	T
I	R	S	E	K	H	F	Q	H	R	I	K	O	D	I
E	N	Y	N	W	A	R	P	O	K	U	L	N	C	N
S	E	Z	I	T	A	M	A	R	D	C	L	A	U	G
P	E	N	T	H	U	S	E	S	T	E	E	U	Z	S
V	F	D	G	N	I	T	I	R	E	M	E	D	A	A

ALIENABLE
ANCHORS
CERTAINER
CLAPBOARDED
COEXISTS
CONSIDERINGS
DECKHANDS
DEMERITING
DRAMATIZES
ENTHUSES
FERRETING
HAUTEUR
MARRIED
MEANT
MINORITIES
MODULATING
OVERRIDDEN
PERJURERS
PHILOSOPHER
PRAWN
SUNKEN

Assorted Words 72

D	T	S	M	S	N	D	O	L	M	E	N	P	H	Q
V	E	S	B	C	E	E	E	S	B	Q	I	U	U	I
C	S	R	I	I	T	I	H	P	E	X	Z	Z	N	N
S	S	R	E	N	R	S	D	C	P	C	X	A	K	C
D	N	M	E	T	R	E	S	O	T	O	A	L	E	U
S	E	O	S	U	R	E	O	E	B	I	H	T	R	R
M	L	L	O	I	Q	A	T	G	L	Y	K	C	I	I
O	E	A	B	B	C	C	B	N	H	E	S	K	N	O
N	V	R	G	B	A	R	A	X	I	C	V	U	G	U
K	T	L	E	E	I	B	O	L	V	X	R	O	B	S
E	I	D	M	S	R	N	K	X	J	U	O	U	L	V
Y	N	S	V	P	C	O	R	S	E	T	E	D	H	V
E	G	F	B	T	N	E	I	C	I	F	F	E	O	C
D	E	T	I	E	F	O	R	E	S	T	E	R	S	H
C	S	R	L	C	I	M	R	E	D	O	P	Y	H	W

BABOONS
BARTERED
BUSYBODIES
CHOPPED
CHURCHGOER
COEFFICIENT
CORSETED
DOLMEN
EXORCISMS
FORESTER
HUNKERING
HYPODERMIC
INCURIOUS
INTERNIST
KITCHEN
LACQUERS
LOVELESS
MERES
MONKEYED
NIBBLED
REGALS
TACES
TINGES

Assorted Words 73

V	C	P	L	F	I	N	I	S	H	F	W	M	B	S
J	P	R	E	P	A	R	A	T	I	O	N	S	S	T
M	D	B	J	H	S	C	F	K	K	G	G	H	C	I
E	N	D	W	I	S	E	I	F	G	T	A	W	U	F
U	I	P	G	U	Z	M	M	L	M	U	R	J	L	L
S	U	G	U	T	M	E	U	U	E	I	R	P	P	I
F	A	E	N	Q	Y	T	G	N	T	E	I	K	T	N
Q	E	U	R	I	Y	E	X	U	T	S	S	Y	U	G
E	U	V	Q	K	T	R	K	K	P	K	O	S	R	L
Y	L	B	E	A	R	I	N	G	Z	H	N	C	E	S
X	K	P	K	R	S	E	D	O	S	L	I	E	R	L
X	C	D	M	E	I	S	X	E	C	V	N	L	R	E
W	B	V	U	A	W	S	E	Q	P	L	G	X	L	E
D	R	E	G	E	S	E	H	S	W	X	A	Q	G	P
Y	T	I	N	A	F	O	R	P	S	W	E	F	O	Y

AQUAS
ASSESS
BEARING
CEMETERIES
COSTUME
ENDWISE
EXPEDITING
FACILE
FALCONRY
FEVERISH
FINISH
GARRISONING
LESSEE
PREPARATIONS
PROFANITY
SAMPLE
SCULPTURE
SLEEPY
SLIER
STIFLING
UPHILL

Puzzle #74

Assorted Words 74

R	E	B	M	A	X	M	E	L	L	O	W	E	D	F
F	S	U	Y	L	G	N	I	R	I	U	Q	N	I	P
S	H	O	S	X	X	E	C	S	E	P	I	N	S	U
C	R	Y	T	E	V	I	C	U	D	N	O	C	P	R
R	I	K	L	S	I	R	W	L	R	L	O	J	A	G
A	V	C	V	L	E	X	E	Y	E	S	I	T	R	A
M	E	B	A	N	A	L	E	S	T	C	E	Y	K	T
B	L	W	Q	D	B	G	L	L	T	I	T	D	E	I
L	L	D	L	L	A	E	U	U	P	U	C	I	D	V
E	E	R	G	L	U	S	I	R	F	O	D	C	C	E
R	D	S	E	L	A	G	E	R	F	E	P	I	A	S
S	S	D	R	A	G	E	R	S	I	D	L	A	E	L
P	E	R	P	L	E	X	E	S	K	G	J	O	B	D
S	V	D	H	A	R	P	I	N	G	R	E	E	D	Y
V	M	N	S	E	Z	I	L	A	R	U	T	A	N	N

AMBER
APOPLEXIES
BANALEST
CICADAS
CONDUCIVE
CURSED
DISREGARDS
DOLEFULLEST
ECLECTICS
FRUGALLY
GREEDY
HARPING
INQUIRINGLY
MELLOWED
NATURALIZES
PERPLEXES
PURGATIVES
REGALES
RESTUDIED
SCRAMBLERS
SHRIVELLED
SNIPES
SPARKED

Puzzle #75

Assorted Words 75

M	M	T	W	E	L	U	S	I	V	E	E	E	S	Z
P	O	A	S	C	V	R	Y	E	W	U	X	P	W	O
K	T	O	B	S	C	I	E	R	E	I	U	E	A	W
X	H	A	R	J	E	L	T	I	E	D	E	L	R	H
P	B	G	C	G	E	N	O	P	L	W	L	O	D	T
I	A	L	A	C	E	C	I	U	E	T	O	E	S	G
N	L	E	E	M	U	D	T	R	D	C	S	H	S	R
C	L	T	N	R	D	S	I	S	T	I	E	I	S	S
U	S	A	N	C	E	S	T	R	A	L	E	D	R	O
R	M	D	W	J	Z	H	D	O	B	I	A	S	R	G
R	E	D	E	R	I	T	P	H	M	W	M	P	T	U
I	V	D	E	P	P	I	K	S	D	E	G	G	O	F
N	E	S	R	A	E	H	E	R	O	G	D	V	V	O
G	Z	Z	E	S	E	G	A	E	N	I	L	V	T	G
E	G	A	I	R	T	O	Z	T	A	M	B	U	K	D

ABJECTS
ACCUSTOMED
ANCESTRAL
BIOSPHERE
BRIDEGROOM
CLOUDIEST
DECEPTIVE
ELUSIVE
EXERT
FOGGED
GRISTLIER
INCURRING
LINEAGES
MATZO
MOTHBALLS
PALTRINESS
REHEARSE
SEEDLESS
SHOWERY
SKIPPED
SWARDS
TIREDER
TRIAGE

Puzzle #76

Assorted Words 76

W	Y	R	E	L	K	C	U	S	Y	E	N	O	H	P
V	S	L	E	D	I	S	P	E	L	S	D	P	S	W
L	I	B	E	V	E	S	G	U	N	W	A	L	E	Y
I	F	G	M	T	O	R	A	J	R	E	E	T	S	I
H	I	H	N	O	I	C	E	G	O	F	O	O	T	N
D	A	N	S	I	C	L	D	T	U	E	P	D	R	T
G	E	D	S	E	S	S	O	R	T	A	B	L	A	E
P	U	N	O	E	O	I	K	P	A	E	R	I	N	R
S	T	Z	E	R	R	N	T	C	M	H	B	O	G	F
C	Y	V	Z	H	A	T	I	R	O	I	Q	X	E	E
R	S	V	F	L	P	B	E	M	E	C	W	D	B	R
A	A	X	Q	X	E	Y	L	D	O	V	J	E	G	E
P	N	R	M	G	K	S	H	E	T	D	D	O	P	V
V	Q	J	W	N	I	A	T	R	E	C	S	A	Q	R
R	D	E	Z	I	V	I	T	C	E	L	L	O	C	G

ADORABLE
ADVERTISING
ALBATROSSES
ASCERTAIN
BETTERED
COCKSCOMBS
COLLECTIVIZED
DISPELS
DOMINOES
ESTRANGE
GUNWALE
GUZZLES
HARDCOVER
HONEYSUCKLE
HYPHENED
IMPOLITELY
INSERTED
INTERFERE
SAGUARO
SCRAP
STEER

Puzzle #77

Assorted Words 77

Y	X	R	C	D	T	V	R	E	T	S	I	N	I	S
S	H	A	R	P	E	Y	D	E	L	E	M	A	N	E
E	Z	M	P	R	R	E	N	I	I	A	U	W	M	X
S	S	R	W	C	R	B	P	O	S	B	N	D	D	Y
P	E	O	P	F	O	U	G	E	T	S	M	I	P	O
O	M	D	V	K	R	N	X	N	R	O	U	U	F	K
I	I	S	A	G	N	I	U	Q	I	T	N	A	R	C
N	N	C	U	R	S	O	R	T	A	D	H	O	D	C
S	A	Q	X	B	T	N	Y	O	M	P	D	E	M	E
E	L	I	G	E	L	S	B	U	R	E	A	U	S	N
T	E	G	A	R	B	M	U	K	L	U	K	S	B	Q
T	C	B	R	E	A	T	H	L	E	S	S	L	Y	E
I	A	R	E	E	L	O	D	N	A	B	H	Q	X	K
A	N	C	F	L	A	C	I	N	I	B	B	A	R	U
S	A	T	I	N	K	M	O	R	T	S	L	E	A	M

- ANTIQUING
- BALUSTRADES
- BANDOLEER
- BREATHLESSLY
- BUDDING
- BUNION
- BUREAUS
- CRUMBIER
- DEEPER
- DISSUADE
- ENAMELED
- FINALE
- MAELSTROM
- MONOTONY
- MUKLUKS
- POINSETTIAS
- RABBINICAL
- RAMRODS
- SATIN
- SEMINAL
- SHARP
- SINISTER
- SORTA
- TERROR

Puzzle #78

Assorted Words 78

Z	T	I	S	R	E	G	G	U	L	S	Y	J	O	T
O	N	A	M	A	E	S	I	G	N	I	F	I	E	S
O	Z	F	H	U	N	G	R	Y	V	I	G	J	R	R
G	N	I	T	A	L	P	M	E	T	N	O	C	U	E
T	N	A	F	V	D	C	S	T	M	Y	R	R	L	F
O	U	I	B	J	S	T	O	Y	X	R	Y	K	Y	R
F	N	P	L	O	H	H	S	U	G	M	O	G	I	A
X	A	U	C	L	D	C	E	E	R	F	T	D	A	I
D	W	S	T	U	O	B	A	R	I	T	O	P	E	N
M	A	M	B	U	D	B	D	E	I	F	I	D	O	C
C	R	E	D	O	R	T	S	E	B	F	A	N	M	F
R	E	I	T	O	O	N	S	P	Y	B	F	E	G	Q
X	D	E	L	D	N	A	H	N	A	M	F	S	L	Q
N	Y	W	S	N	A	I	G	E	L	L	O	C	I	U
V	W	X	D	N	O	I	T	A	N	A	C	H	O	S

ABOUT
BEACH
BESTRODE
BOLLING
CLAPS
CODIFIED
COLLEGIANS
CONTEMPLATING
COURTING
DORMERS
HUNGRY
LEAFIEST
MANHANDLED
NACHOS
NATION
REFRAIN
SEAMAN
SHERIFFS
SIGNIFIES
SLUGGERS
SNOOTIER
UNAWARE

Puzzle #79

Assorted Words 79

Y	W	S	G	T	N	A	G	A	V	A	R	T	X	E
S	W	P	R	I	D	E	D	B	U	R	H	S	H	M
G	T	Y	X	D	H	I	N	E	R	V	I	E	R	I
E	V	S	O	I	E	D	S	E	M	U	F	B	J	N
N	L	P	I	R	H	T	E	P	K	N	A	W	S	I
T	V	R	O	L	T	S	F	R	E	T	T	E	D	C
L	K	A	K	D	E	S	E	I	I	R	C	M	C	O
E	J	I	O	F	E	G	E	S	H	H	S	C	C	M
W	G	N	W	G	M	C	N	D	U	S	Y	A	F	P
O	O	L	T	Q	A	R	I	A	E	T	J	P	L	U
M	M	D	O	B	N	A	H	D	V	T	A	T	O	T
E	A	M	W	B	N	R	O	W	U	E	S	I	Q	E
N	P	Y	S	B	E	E	Z	Z	N	O	X	O	H	R
K	F	Z	U	M	R	D	D	R	I	D	U	N	O	S
N	S	S	E	N	S	U	O	I	V	B	O	S	Q	B

BOOSTED
CAPTIONS
DECIDUOUS
DESTROY
DISPERSAL
EVANGELISTS
EXTRAVAGANT
FRETTED
FUMES
GENTLEWOMEN
GLOBED
HIATUSES
HIRED
KOWTOWS
MANNERS
MINICOMPUTERS
NERVIER
OBVIOUSNESS
PRIDED
RARED
SHIFTED
SHRUB
SPRAIN
SWANK

Puzzle #80

Assorted Words 80

R	X	S	C	R	E	W	B	A	L	L	U	D	S	I
B	O	E	M	B	O	S	S	I	N	G	U	W	K	K
S	A	W	X	B	Z	D	E	M	R	A	N	U	P	I
T	T	R	E	M	O	S	R	E	B	M	U	C	A	U
M	D	I	T	R	L	U	T	A	N	Y	T	H	T	W
U	A	Z	L	E	S	R	N	R	G	Q	Y	X	R	C
S	N	N	C	L	R	S	E	C	A	O	Z	H	I	F
K	T	U	D	R	E	I	A	T	I	D	N	K	M	O
E	A	E	T	R	U	D	N	C	A	E	E	S	O	R
T	L	F	N	M	I	S	O	G	R	T	S	H	N	E
E	L	Y	W	E	E	L	T	N	S	O	C	T	Y	W
E	E	G	A	R	T	G	L	Y	O	U	B	I	I	O
R	S	G	X	W	L	B	S	S	A	R	E	A	D	R
S	T	C	E	R	O	B	R	O	F	S	S	P	T	D
E	R	A	S	C	S	S	E	N	L	L	I	R	H	S

ACROBATS
BARTERING
BOUNCIEST
CRUSTY
CUMBERSOME
DETOURS
DICTATE
DONORS
DRAGONS
EMBOSSING
FORBORE
FOREWORDS
MANDRILLS
MUSKETEERS
NUTMEGS
PATRIMONY
ROWERS
SCREWBALL
SHRILLNESS
STILLED
TALLEST
TENET
TRADE
UNARMED

Puzzle #81

Assorted Words 81

V	M	S	I	R	A	I	G	A	L	P	Z	P	N	L
G	Y	Q	L	O	U	D	N	E	S	S	Z	J	N	G
N	O	T	I	O	N	A	L	H	L	M	O	A	O	S
D	E	N	I	A	D	S	I	D	D	O	B	M	N	I
S	E	T	A	R	U	G	U	A	N	I	A	M	E	N
M	S	L	E	X	A	G	G	E	R	A	T	I	N	G
R	A	Y	L	L	U	O	F	W	N	D	T	N	T	E
G	C	L	L	A	Y	R	R	A	C	I	L	G	I	R
Q	D	R	U	B	B	I	N	G	I	C	E	S	T	V
C	L	I	P	P	I	N	G	S	P	K	M	N	I	B
G	A	S	T	R	O	N	O	M	Y	I	E	A	E	W
Z	L	N	S	E	S	U	F	N	I	E	N	R	S	B
F	A	I	N	E	R	M	Y	K	N	S	T	L	O	B
V	T	S	E	D	N	U	O	R	O	A	S	E	B	M
S	R	E	T	S	N	U	P	G	L	F	C	D	R	G

BATTLEMENTS
BOLTS
CANNONBALLED
CARRYALL
CLIPPINGS
DICKIES
DISDAINED
DRUBBING
EXAGGERATING
FAINER
FOULLY
GASTRONOMY
INAUGURATES
INFUSES
JAMMING
LOUDNESS
NONENTITIES
NOTIONAL
PLAGIARISM
PUNSTERS
ROUNDEST
SINGER
SNARLED

Assorted Words 82

Z	D	R	P	Y	Y	L	L	U	F	T	S	A	O	B
S	B	C	I	N	S	U	F	F	I	C	I	E	N	T
O	E	A	H	S	E	V	A	E	L	R	E	T	N	I
A	G	U	S	O	S	V	C	G	O	W	Q	M	Q	W
P	R	T	K	E	C	W	Q	A	O	L	K	Y	G	R
I	S	E	W	U	U	K	D	W	Y	G	O	T	L	E
N	U	R	L	G	A	Z	E	B	O	M	G	W	U	A
G	L	I	E	B	W	A	R	D	E	R	S	L	I	K
A	F	Z	I	H	B	F	F	R	I	S	K	I	E	R
H	Y	E	Z	D	T	A	S	P	E	C	K	S	S	D
D	E	M	E	E	S	O	D	C	T	R	C	S	T	B
X	G	N	P	R	E	E	M	P	T	S	Z	A	H	X
S	E	R	U	T	P	U	R	D	J	C	N	F	L	L
S	E	Q	U	E	L	U	K	C	O	M	M	A	H	F
M	U	S	E	R	I	P	S	E	R	G	M	A	E	O

BOASTFULLY
CAUTERIZE
CHOCKED
DABBLER
FLACCID
FRISKIER
GAZEBO
GLUIEST

GODMOTHERS
GOGGLED
HAMMOCK
INSUFFICIENT
INTERLEAVES
PREEMPTS
RESPIRES
RUPTURES

SEEMED
SEQUEL
SOAPING
SPECKS
WARDERS
WREAK

Assorted Words 83

K	O	K	S	R	E	L	E	V	E	R	S	Y	R	S
K	P	S	M	Y	S	E	I	R	A	N	I	M	U	L
D	S	N	O	I	T	A	T	I	S	I	V	E	N	D
E	W	A	R	M	I	N	G	N	L	A	F	R	E	S
C	C	S	T	E	C	U	A	F	E	U	S	C	A	T
E	O	L	R	R	E	W	E	H	C	D	E	U	R	I
L	U	N	I	A	L	P	M	O	C	T	N	R	T	F
E	N	T	V	O	O	T	T	A	T	B	S	I	H	F
R	C	W	N	E	Z	Y	R	Z	R	Z	I	C	L	E
A	I	H	Y	E	Y	D	A	K	L	Z	T	U	Y	N
T	L	I	F	H	G	A	M	U	M	M	I	E	S	E
I	O	N	G	X	T	I	N	D	T	A	Z	P	Q	D
N	R	E	A	X	S	I	L	C	R	B	E	C	A	S
G	S	R	U	Q	I	R	M	I	E	O	S	H	F	N
L	R	O	M	A	N	C	E	S	D	S	Y	T	G	D

CHANTY
CHEWER
COMPLAIN
CONVEYANCES
COUNCILORS
DECELERATING
DILIGENT
FAUCETS
INDENT
LUMINARIES
MARZIPAN
MERCURIC
MUMMIES
REVELERS
ROMANCES
SENSITIZES
SMITHY
STIFFENED
TATTOO
UNEARTHLY
VISITATIONS
WARMING
WHINER

Assorted Words 84

T	N	I	O	N	A	S	P	O	U	L	T	I	C	E
X	Y	H	G	G	O	I	R	E	R	A	G	L	U	V
B	P	E	G	N	N	I	R	E	K	G	Z	O	M	V
U	N	X	P	T	I	I	P	B	D	R	B	Y	A	P
R	K	N	W	I	F	N	D	R	R	E	V	B	M	I
E	L	E	D	F	S	C	E	N	O	U	E	W	B	G
A	X	O	R	E	A	T	A	V	U	F	S	R	O	G
U	W	P	C	A	T	T	E	R	A	O	I	H	B	I
C	A	Z	O	K	T	A	H	M	R	E	P	L	E	E
R	T	Z	Y	U	S	I	M	E	O	Y	L	Y	E	S
A	T	X	R	G	N	T	N	K	A	L	A	T	Q	D
C	E	O	W	C	O	D	E	K	C	D	O	L	I	U
I	S	N	F	O	B	T	E	P	I	E	S	G	L	L
E	T	N	I	A	L	R	E	D	N	U	H	B	Y	N
S	P	E	R	C	E	P	T	I	O	N	S	C	C	A

AIRBRUSHES
ANOINT
BREEDERS
BUREAUCRACIES
CARRYALL
CHECKMATED
EPISTEMOLOGY
EXPOUNDED
FATHEADS
KERATIN
LEAVENING
LOCKSTEP
MAMBO
PERCEPTIONS
PIGGIES
POULTICE
POUNDING
PROFILED
UNDERLAIN
VULGARER
WATTEST
ZYGOTE

Assorted Words 85

D	E	S	C	A	N	T	E	D	Y	D	Y	E	F	X
E	L	X	P	J	H	Y	G	I	E	N	I	S	T	S
C	D	G	Z	N	D	E	T	A	O	L	F	V	H	Y
W	X	Y	X	U	D	A	W	P	A	D	V	A	C	M
H	Y	V	C	S	S	E	N	I	S	U	B	E	F	Y
O	J	N	O	R	T	O	L	C	Y	C	G	J	S	C
O	S	E	S	O	N	G	A	I	D	S	P	A	O	J
S	S	E	N	S	U	O	I	C	O	R	T	A	Q	C
H	E	T	F	D	E	T	U	B	I	R	T	S	I	D
E	R	E	S	O	O	L	L	E	H	S	B	T	I	O
D	H	L	E	L	B	A	N	I	A	T	T	A	W	U
S	P	S	N	O	I	T	A	I	L	I	F	F	A	B
X	B	X	E	C	E	E	E	R	A	G	N	U	D	L
S	T	O	L	R	A	H	E	C	A	F	E	R	P	E
S	E	T	A	T	I	C	A	P	A	C	N	I	P	T

AFFILIATIONS
ATROCIOUSNESS
ATTAINABLE
BROILED
BUSINESS
CYCLOTRON
DELVES
DESCANTED
DIAGNOSE
DISTRIBUTED
DOUBLET
DUNGAREE
FLOATED
HARLOTS
HYGIENISTS
INCAPACITATES
LOOSER
PREFACE
SHELL
WHOOSHED

Puzzle #86

Assorted Words 86

V	S	R	E	K	C	I	N	O	M	T	V	N	G	T
H	N	D	E	Z	I	L	Y	T	S	E	D	O	M	W
E	A	P	S	N	A	I	L	I	V	I	C	Q	B	O
R	F	L	D	E	T	N	A	R	G	F	J	J	K	F
E	R	R	C	N	A	G	B	B	I	Y	X	H	R	O
C	P	N	F	I	V	P	L	A	C	I	N	G	N	L
Y	R	S	T	S	I	H	C	R	A	N	A	F	W	D
C	O	L	O	S	S	U	S	R	E	P	P	O	H	S
L	B	S	S	A	M	Y	N	I	P	S	F	T	L	F
E	A	R	E	H	C	T	A	C	G	O	D	Q	P	U
S	T	T	O	Y	C	I	T	A	R	E	P	O	X	T
L	I	F	L	E	S	H	E	D	O	G	Y	U	V	Z
N	O	S	Y	R	A	N	O	I	T	U	L	O	V	E
I	N	U	Z	E	S	S	E	N	T	R	U	C	P	D
H	V	P	E	G	D	U	R	G	E	B	X	J	U	X

ANARCHISTS
ATAVISM
BARRICADING
BEGRUDGE
CIVILIANS
COLOSSUS
CURTNESS
DOGCATCHER
EVOLUTIONARY
FLESHED
FUTZED
GRANTED
HOPPER
MODESTY
MONICKERS
OPERATIC
PLACING
PROBATION
RECYCLES
SPINY
STYLIZED
TWOFOLDS

Puzzle #87

Assorted Words 87

O	Q	S	E	N	O	T	S	M	E	G	F	A	M	V
Z	Y	K	B	I	C	A	P	T	I	O	U	S	T	Y
S	N	G	I	S	E	O	L	F	I	S	T	A	O	G
W	A	Q	U	I	E	C	L	Q	Y	L	J	G	M	P
B	U	N	G	I	N	G	W	L	Z	U	F	G	G	A
W	I	S	H	E	D	E	M	R	O	F	N	O	C	H
X	S	G	N	I	F	F	I	T	R	Q	Q	G	N	F
L	T	S	A	M	P	O	T	F	O	R	U	M	C	J
L	A	N	O	I	T	C	U	R	T	S	N	I	I	R
D	E	R	E	D	N	U	A	M	S	B	A	B	E	K
F	Z	N	K	F	L	L	I	B	E	R	A	T	E	S
Q	J	Q	K	S	Z	S	A	D	N	E	G	A	R	Q
M	R	M	E	R	I	T	O	R	I	O	U	S	L	Y
H	B	M	X	P	R	A	C	T	I	C	A	B	L	Y
C	T	N	E	I	C	I	F	F	U	S	N	I	K	V

AGENDAS
BUNGING
CAPTIOUS
COLLOQUIES
CONFORMED
FLITS
FLOES
FORUM
GEMSTONES
GOATS
INSTRUCTIONAL
INSUFFICIENT
KEBABS
LARKS
LIBERATES
MAUNDERED
MERITORIOUSLY
PRACTICABLY
SIGNS
TIFFING
TOPMAST
WISHED

Puzzle #88

Assorted Words 88

S	D	M	G	N	I	T	A	G	I	M	U	F	I	R
D	A	S	H	I	K	I	S	D	A	E	H	W	O	T
P	E	C	C	T	H	G	I	L	N	O	O	M	U	L
E	F	V	C	O	J	R	E	I	D	N	A	H	L	I
S	M	K	A	O	N	C	J	R	R	C	O	S	A	S
G	C	I	N	R	U	T	G	L	I	M	I	N	G	P
U	N	I	T	O	P	N	E	N	S	A	Z	S	S	I
Z	X	I	T	G	I	E	T	S	I	Y	T	C	E	N
D	R	D	T	I	A	S	D	A	T	L	C	R	C	G
F	E	E	Z	N	L	R	R	I	N	A	D	I	I	A
N	G	N	I	R	U	O	V	E	D	T	N	A	P	C
L	R	X	O	U	S	O	P	N	P	F	T	T	R	U
C	X	S	E	M	I	S	C	T	F	S	W	Y	Z	C
M	A	T	C	H	E	S	J	E	D	W	I	P	R	T
P	L	Z	Y	G	X	L	Z	R	F	S	E	D	I	T

ACCOUNTANT
CONTESTANT
COUNTING
CRADLING
DASHIKI
DEPRAVED
DEVOURING
DISPERSION
ENTER
FUMIGATING
GERIATRIC
HANDIER
LEMONED
LIMING
LISPING
MATCHES
MOONLIGHT
POLITICS
RAGTIME
SEMIS
TIDES
TOWHEADS

Assorted Words 89

M	N	O	I	T	A	L	U	S	P	A	C	N	E	L
A	E	A	M	Y	R	E	B	U	F	F	I	N	G	Y
R	Z	Z	G	P	A	P	E	R	G	I	R	L	V	M
Q	G	K	I	N	R	M	E	L	A	N	G	E	V	D
U	Z	N	K	R	I	E	Q	U	I	N	O	X	E	S
E	R	D	I	Y	A	T	Z	G	H	J	D	B	D	A
E	I	E	H	H	D	L	A	I	O	Q	X	I	O	U
S	W	M	T	I	S	D	G	E	N	S	M	A	E	B
L	I	J	U	T	P	A	A	R	N	O	X	M	C	S
D	T	R	X	Q	A	P	W	P	U	I	I	V	A	W
Y	T	L	A	N	E	P	O	N	U	B	L	N	F	L
P	I	S	R	E	T	E	K	C	I	R	C	E	R	H
G	L	N	X	S	A	V	O	R	O	A	E	P	D	L
X	Y	Y	H	Y	D	R	O	T	H	E	R	A	P	Y
I	N	T	R	A	N	S	I	G	E	N	T	B	P	U

BEAMS
BRAINWASHING
BRANDIES
BURGLARIZE
CRICKETERS
DELINEATING
ENCAPSULATION
EQUINOXES
HIPPO
HYDROTHERAPY
INTRANSIGENT
IONIZER
MARQUEES
MELANGE
PADDY
PAPERGIRL
PATTER
PENALTY
REBUFFING
SAVOR
WITTILY

Puzzle #90

Assorted Words 90

B	A	S	A	I	P	O	C	U	N	R	O	C	F	I
D	E	N	I	A	T	T	A	V	W	F	T	J	Y	N
K	S	H	E	D	E	T	U	B	I	R	T	N	O	C
E	C	E	E	M	F	L	Y	S	P	E	C	K	Q	L
G	R	P	H	A	O	N	D	K	B	E	A	D	Q	O
M	N	Y	R	C	D	W	W	E	L	Z	R	P	U	S
F	B	I	G	O	I	I	R	C	S	E	P	L	A	U
L	E	L	T	B	C	R	N	E	Z	S	E	A	R	R
U	F	G	B	A	E	E	N	G	D	J	T	C	T	E
F	C	O	N	D	E	N	S	E	D	L	B	E	E	S
F	D	X	M	T	D	N	U	S	I	O	A	M	T	D
I	V	S	E	T	A	N	I	M	O	D	G	E	P	V
E	P	I	M	P	I	N	G	L	B	R	G	N	R	N
S	E	T	A	R	E	M	U	N	E	S	E	T	W	E
T	U	L	O	A	F	I	N	G	B	D	D	G	D	R

ALDERWOMEN
ATTAINED
BEHEADING
BENUMBS
CARPETBAGGED
CONDENSED
CONTRIBUTED
CORNUCOPIAS
DELINEATING
DOMINATES
ENRICHES
ENUMERATES
FLUFFIEST
FLYSPECK
FREEZES
INCLOSURES
LOAFING
PIMPING
PLACEMENT
PROCESSOR
QUARTET

Puzzle #91

Assorted Words 91

M	L	N	E	S	E	S	U	L	P	P	R	C	O	U
T	U	K	G	Q	C	V	C	H	Y	V	N	P	V	A
A	N	S	T	N	R	B	O	W	B	S	O	R	E	S
D	D	E	T	R	I	L	F	D	W	C	L	B	R	R
P	P	F	C	S	T	T	T	A	E	E	J	J	C	E
O	V	B	G	V	E	D	S	Y	S	S	S	Q	O	D
L	S	Z	T	N	R	S	E	I	G	O	O	B	M	O
E	M	E	R	G	I	N	G	K	L	S	V	N	I	U
G	U	K	T	W	A	Y	M	N	C	K	X	J	N	N
G	G	W	H	A	B	M	N	V	I	O	C	V	G	D
I	L	O	G	B	N	D	I	N	V	L	L	A	L	E
N	Y	S	E	A	S	I	C	K	A	N	T	C	L	D
G	G	N	I	G	G	U	M	S	E	N	O	S	R	B
S	X	Q	M	U	C	K	R	A	K	I	N	G	E	Q
S	N	A	I	R	A	R	B	I	L	C	Z	L	T	N

BLACKLISTING
BOOGIES
CLOCKED
CRITERIA
EMERGING
FLIRTED
LAMINATES
LEGGINGS
LIBRARIAN
MUCKRAKING
MUSTS
NANNYING
NESTLING
NOSEDOVE
OVERCOMING
PLUSES
REDOUNDED
SEASICK
SMUGGING
SMUGLY
SORES
TADPOLE

Assorted Words 92

T	V	Y	M	B	R	E	I	T	H	G	U	A	H	X
F	A	E	I	U	L	A	I	T	N	E	S	S	E	X
A	N	L	R	C	B	U	G	Y	T	R	E	B	I	L
A	I	A	T	C	R	D	G	N	I	D	E	E	S	P
H	T	N	H	A	O	I	K	C	I	T	E	R	E	H
M	Y	G	F	N	N	E	O	I	S	L	Q	D	Q	T
E	N	U	U	E	C	N	V	I	M	H	O	F	Q	E
T	I	I	L	E	H	C	E	B	Y	O	R	J	P	H
H	N	S	C	R	I	E	R	E	C	F	N	I	A	M
O	E	H	B	E	T	S	L	R	C	U	A	O	E	C
U	T	E	L	D	I	F	I	S	Y	A	F	Q	S	K
G	I	S	T	I	S	I	E	E	Q	U	I	N	O	X
H	E	K	N	O	I	T	A	R	E	C	S	I	V	E
T	T	F	T	Y	L	A	N	K	I	E	R	M	K	J
W	H	X	W	C	O	N	S	U	L	T	E	D	Z	Q

AUDIENCES
BERSERK
BRONCHITIS
BUCCANEERED
CAJOLING
CONSULTED
EQUINOX
ESSENTIAL
EVISCERATION
HAUGHTIER
HERETIC
KIMONOS
LANGUISHES
LANKIER
LIBERTY
METHOUGHT
MIRTHFUL
NINETIETH
OVERLIE
SEEDING
SHRIEK
VANITY

Puzzle #93

Assorted Words 93

B	F	P	L	D	M	E	D	R	E	D	N	U	O	W
E	K	A	F	L	E	A	N	E	V	Z	P	R	H	Q
M	K	L	K	Y	O	R	R	O	T	P	R	O	W	L
O	S	M	Q	D	T	T	O	T	D	A	S	V	V	M
A	W	I	Y	E	S	I	A	N	I	S	B	L	L	N
N	I	S	C	L	C	F	L	E	O	N	I	E	H	I
I	L	T	T	I	U	I	M	A	Z	H	E	M	D	N
N	L	S	I	R	T	C	Y	V	T	K	N	T	U	E
G	I	S	W	I	T	E	S	P	M	U	J	F	S	P
A	N	C	R	U	L	R	C	T	H	E	R	I	J	I
M	G	I	Y	M	E	S	N	S	P	O	F	B	Y	N
Y	L	N	V	E	S	M	E	L	A	N	O	M	A	S
D	Y	T	I	L	I	B	I	S	I	V	N	I	Y	W
G	R	E	G	N	A	H	F	F	I	L	C	D	T	C
I	I	N	C	A	L	C	U	L	A	B	L	E	G	D

ARTIFICERS
ASCETICISM
ATOLL
BEMOANING
BRUTALITY
CALVING
CLIFFHANGER
DEBATED
DELIRIUM
HONORED
INCALCULABLE
INVISIBILITY
JUMPS
MARTINETS
MELANOMAS
MISDONE
NINEPINS
PALMISTS
PROWL
SCUTTLES
WILLINGLY
WOUNDER

Puzzle #94

Assorted Words 94

Q	P	B	A	K	S	O	J	O	U	R	N	S	X	Y
G	N	I	G	N	I	R	R	R	T	H	A	W	E	D
M	I	Z	E	U	Z	N	S	I	E	L	L	S	E	Y
J	F	Q	X	G	E	O	K	G	H	B	A	S	D	M
S	S	E	V	O	R	P	S	I	D	A	U	A	R	R
N	E	E	L	G	Z	E	I	N	N	S	G	T	H	O
E	Z	T	G	B	B	G	T	L	D	G	H	I	Y	V
A	G	P	U	N	I	E	X	C	O	R	I	A	T	E
K	W	N	A	L	A	S	S	W	P	G	N	T	H	R
E	G	L	E	N	L	R	N	W	I	G	G	E	M	P
D	Y	P	L	I	G	O	T	E	O	L	J	D	I	A
P	M	F	J	V	T	E	P	S	F	L	F	H	C	I
K	K	S	E	G	O	O	D	Y	E	E	L	U	A	D
F	P	H	O	T	O	C	O	P	I	E	D	O	L	H
Z	K	O	T	S	E	N	E	C	S	B	O	L	F	D

COOTIE
DEFENSIBLE
DISPROVES
EGRET
EPILOG
ESTRANGES
EXCORIATE
FOLLOWS
GOODY
KINKING
LAUGHING
OBSCENEST
ORIGIN
OVERPAID
PANGED
PHOTOCOPIED
POLLUTES
RHYTHMICAL
RINGING
SATIATED
SNEAKED
SOJOURNS
THAWED
WILFUL

Puzzle #95

Assorted Words 95

H	X	S	E	K	I	D	I	S	P	L	A	Y	E	D
T	P	X	E	L	B	A	R	U	G	I	F	N	O	C
W	E	Y	V	C	F	L	D	E	P	R	A	H	D	A
X	U	A	L	C	N	H	I	S	T	A	M	I	N	E
B	S	P	P	G	P	A	C	A	K	N	U	L	F	H
L	F	R	U	O	P	N	W	O	D	G	I	Y	E	R
S	D	E	E	R	B	S	S	O	R	C	O	S	X	R
S	E	V	A	N	S	E	I	L	L	I	H	C	I	K
E	C	O	L	L	E	C	T	I	B	L	E	S	L	D
E	Z	I	T	I	S	N	E	S	E	D	A	Q	O	M
E	L	Y	A	C	H	T	E	D	E	N	I	M	R	E
M	B	B	Z	J	I	T	N	E	Y	K	D	I	K	Y
N	I	H	B	U	K	J	A	P	A	N	N	I	N	G
S	E	I	R	A	I	C	U	D	I	F	Z	A	O	A
L	J	Q	G	K	G	N	I	T	O	O	R	E	D	E

ALLOWANCES
CHILLIES
COLLECTIBLES
CONFIGURABLE
CROSSBREEDS
DANKEST
DESENSITIZE
DIKES
DISINTER
DISPLAYED
DOWNPOUR
ERMINE
FIDUCIARIES
FLUNK
GABBLE
GLYPH
HARPED
HISTAMINE
JAPANNING
JITNEY
NAVES
ROOTING
YACHTED

Puzzle #96

Assorted Words 96

T	O	C	C	D	E	P	U	T	I	N	G	K	G	J
D	N	V	O	E	T	G	R	A	N	D	D	A	D	S
E	N	I	R	N	D	E	S	I	U	R	C	E	V	G
R	P	O	T	E	F	T	H	G	I	S	E	Y	E	C
E	M	G	S	S	S	I	V	C	E	S	K	B	M	I
L	I	R	C	R	A	G	G	Y	O	A	C	U	O	C
I	A	E	G	C	O	N	C	U	R	R	E	N	T	G
C	B	M	A	N	L	C	A	R	R	L	C	G	O	R
T	Y	R	S	L	I	A	B	O	O	E	K	L	R	I
S	A	T	S	I	V	D	R	P	B	N	G	O	C	Z
F	Z	Y	L	E	T	I	N	I	F	N	I	R	A	Z
S	L	E	C	R	A	P	M	E	F	J	C	I	R	L
T	S	E	I	R	D	W	A	T	C	Y	L	E	S	I
E	C	N	E	D	U	R	P	B	P	S	H	D	T	E
D	I	S	C	O	U	N	T	I	N	G	A	Q	S	R

ASCENDING
BAILS
BAPTISMAL
CLARIFY
CONCURRENT
CONFIGURE
CRAGGY
CROCHET
CRUISED
DEPUTING
DERELICTS
DISCOUNTING
EYESIGHT
GLORIED
GRANDDADS
GRIZZLIER
INFINITELY
MOTORCARS
PARCELS
PRUDENCE
SERVO
STINT
TAWDRIEST
VISTAS

Puzzle #97

Assorted Words 97

F	R	A	G	M	E	N	T	I	N	G	I	R	O	U
X	D	E	U	L	O	G	I	Z	E	D	Y	X	S	U
P	K	L	A	I	U	N	E	M	B	E	D	D	E	D
G	M	U	P	R	E	F	I	G	U	R	I	N	G	D
Q	E	S	W	S	J	E	T	T	U	R	M	O	I	L
F	A	C	E	L	L	O	P	H	A	N	E	C	S	G
I	S	I	F	B	V	N	A	M	G	M	N	S	F	S
R	U	O	B	C	R	Q	L	X	R	I	R	F	C	T
E	R	U	K	O	O	O	K	E	Z	E	L	O	H	U
P	E	S	X	R	G	L	A	O	S	C	E	E	O	R
L	L	N	K	H	G	G	L	C	P	I	N	N	D	D
A	E	E	P	Y	E	M	I	U	H	Y	R	H	D	I
C	S	S	T	P	E	W	S	N	D	I	P	N	I	E
E	S	S	H	G	R	X	T	U	G	E	N	Z	U	R
S	K	R	A	B	M	E	S	I	D	O	B	G	X	S

ALKALIS
BOGGING
BROACHING
CELLOPHANE
COLLUDE
DELIGHTFUL
DISEMBARKS
DOORMAT
EMBEDDED
EULOGIZED
FIREPLACES
FRAGMENTING
LUSCIOUSNESS
MEASURELESS
PREFIGURING
STURDIER
SUNRISE
SWEPT
TURMOIL

Puzzle #98

Assorted Words 98

I	D	I	S	I	N	F	E	C	T	A	N	T	X	T
N	H	S	E	R	M	A	E	C	N	E	D	U	R	P
S	W	T	I	N	E	P	C	G	R	J	E	G	V	R
P	Y	W	S	T	V	K	E	T	N	O	A	M	L	O
I	D	Z	I	I	I	E	N	D	U	I	R	Z	J	S
R	A	E	M	L	G	L	L	I	I	A	T	W	O	E
A	N	D	P	N	E	O	O	O	L	M	L	R	N	C
T	D	I	A	P	T	L	L	C	P	C	E	L	A	U
I	E	V	S	A	O	N	K	O	C	I	Z	N	Y	T
O	R	I	S	V	S	T	A	C	T	O	N	G	T	E
N	E	N	I	E	T	V	K	N	A	E	R	G	G	S
A	D	E	O	M	R	U	R	C	E	C	M	I	W	K
L	E	S	N	E	I	G	U	M	A	V	Q	S	S	Q
K	R	B	E	N	C	X	V	C	M	L	O	R	O	F
P	P	K	D	T	H	Y	S	U	W	E	B	C	A	C

ACTUALLY
BLACKTOPPED
CACKLE
CLINKERS
COLITIS
COSMETOLOGIST
COVENANT
DANDERED
DISINFECTANT
DIVINES
ENVELOPING
IMPASSIONED
IMPEDIMENTS
INSPIRATIONAL
OSTRICH
PAVEMENT
PROSECUTES
PRUDENCE
SIROCCO
TARTING

Puzzle #99

Assorted Words 99

D	T	O	P	L	E	S	S	B	B	T	T	U	R	D
G	E	E	S	E	Z	I	T	P	A	B	I	H	M	N
S	L	L	E	H	S	G	G	E	J	W	L	N	T	K
G	A	J	D	O	T	O	G	G	L	E	D	X	Z	O
P	N	N	Q	N	D	I	S	S	E	R	V	I	C	E
S	K	I	A	W	I	B	R	O	O	M	F	U	L	S
Y	E	J	T	S	G	W	T	E	R	R	I	F	Y	Y
C	I	R	F	U	W	N	D	V	I	K	R	F	H	Q
H	S	N	O	I	T	C	I	R	T	S	N	O	C	Z
I	D	K	D	C	R	I	D	E	E	M	S	Z	E	M
A	M	W	Y	O	G	R	T	E	U	I	V	A	P	G
T	W	Y	G	J	R	L	I	S	M	L	M	K	R	L
R	Y	Q	H	R	A	S	X	N	O	M	B	A	D	G
Y	R	U	H	T	E	C	E	Y	G	R	E	Q	G	C
S	G	N	I	L	L	I	K	D	I	G	P	H	X	N

BAPTIZES
BAWDILY
BLUEING
CONSTRICTIONS
CORES
DISSERVICE
DWINDLED
EGGSHELLS
FIRRING
GAMIER
GRASSIER
HEMMED
INDORSED
KILLINGS
PROSTITUTING
PSYCHIATRY
ROOMFULS
SKYJACK
TERRIFY
THYMI
TOGGLED
TOPLESS

Puzzle #100

Assorted Words 100

E	S	U	R	R	E	N	D	E	R	S	Y	G	V	N
M	O	O	T	E	R	M	H	E	A	R	S	A	Y	D
N	A	B	H	R	Q	S	E	A	P	O	R	T	S	A
N	Z	N	S	N	W	C	O	M	P	A	N	I	E	S
G	U	E	A	G	O	T	S	U	M	U	R	X	S	C
C	N	T	S	G	N	I	L	R	A	D	I	T	T	A
S	U	I	R	U	E	I	S	S	E	Y	S	T	H	N
W	R	D	R	I	A	R	H	S	O	T	C	U	E	T
A	T	E	E	E	A	L	S	C	E	T	E	G	T	I
X	T	C	V	N	T	S	C	H	O	R	T	P	I	L
I	K	J	Z	O	E	R	C	W	S	O	P	O	C	Y
E	F	D	Z	G	R	D	A	C	V	A	M	P	R	E
S	S	E	N	K	S	I	R	B	S	Y	T	Z	O	G
T	L	J	D	C	E	N	S	U	R	E	D	O	H	L
S	T	I	B	I	H	O	R	P	B	D	K	Q	P	Y

BARTERING
BRISKNESS
BURDENED
CENSURED
CLAUSE
COMPANIES
DARLINGS
DEPART

ESTHETIC
GROTTOS
HEARSAY
MANAGERS
MOOCHING
MOOTER
NUTRIAS
OPPRESSION

PETERS
POTASH
PROHIBITS
ROVERS
SCANTILY
SEAPORTS
SURRENDERS
WAXIEST

Puzzle #101

Assorted Words 101

C	X	A	G	R	E	E	S	T	R	U	M	P	E	T
W	O	I	D	S	N	O	I	T	O	M	E	D	V	B
Y	Z	U	P	O	R	V	M	O	A	T	E	D	I	W
Z	T	O	N	B	P	S	I	N	T	E	R	R	E	D
I	G	E	C	T	Y	T	S	I	L	Q	B	A	Q	E
W	M	N	Y	O	E	I	S	E	I	L	L	O	C	X
S	O	P	N	A	N	N	U	L	L	I	N	G	Y	D
J	V	T	O	A	G	D	A	E	U	E	T	C	X	V
X	I	E	W	R	I	K	O	N	E	M	S	Q	X	A
H	R	C	R	O	T	C	P	L	C	S	P	A	U	A
F	A	C	M	T	K	E	I	D	I	I	E	E	E	Y
H	G	N	I	W	E	M	R	G	C	N	N	R	D	C
B	V	D	E	Z	I	R	A	T	O	N	G	G	O	E
P	E	O	Q	S	J	O	U	T	C	L	A	S	S	F
G	A	R	R	O	T	T	E	S	S	L	Z	B	D	A

ADOPTS
AGREES
ANNULLING
BEATS
CEASELESS
COLLIE
CONDOLING
COUNTENANCING
DEMOTIONS
FORESEE
GARROTTES
GAYETY
IMPORTER
INTERRED
KOWTOW
LOGICIAN
LUMPED
MEWING
MOATED
NOTARIZED
OUTCLASS
TRUMPET

Puzzle #102

Assorted Words 102

V	C	O	N	V	A	L	E	S	C	I	N	G	B	H
B	S	F	I	E	N	D	I	S	H	U	I	I	A	V
B	R	E	A	D	W	I	N	N	E	R	S	C	B	Z
X	O	A	S	Y	R	J	L	C	I	Q	R	O	Y	I
U	E	S	S	I	L	G	N	I	H	S	I	N	I	F
V	H	S	S	S	R	T	R	E	T	E	I	D	S	P
T	A	A	O	Q	E	O	N	Y	T	D	J	E	H	E
G	N	I	T	I	K	D	T	A	E	J	F	M	A	R
T	C	L	M	E	G	F	M	I	T	E	J	N	J	S
B	E	M	U	S	I	N	G	E	L	S	S	A	G	E
C	S	R	I	A	P	M	I	M	P	C	N	T	U	V
K	T	E	X	A	C	E	R	B	A	T	E	O	X	E
F	R	C	X	K	A	Y	A	K	I	N	G	R	C	R
H	A	S	S	L	E	D	T	Y	Z	O	U	Y	N	E
D	L	G	N	I	T	A	C	O	V	I	U	Q	E	D

ANCESTRAL
ASSAIL
BABYISH
BEMUSING
BRASSED
BREADWINNERS
CLITORISES
CONDEMNATORY
CONSTANTLY
CONVALESCING
DIETER
EQUIVOCATING
EXACERBATE
FIENDISH
FINISHING
HASSLED
IMPAIRS
KAYAKING
PERSEVERED

Puzzle #103

Assorted Words 103

C	D	G	N	I	Z	I	C	I	L	A	T	I	F	L
U	P	S	G	E	N	T	L	I	N	G	U	S	Q	E
L	A	M	P	O	O	N	I	N	G	Q	S	Y	C	F
W	B	A	R	G	A	I	N	S	M	L	C	M	R	T
E	K	L	V	E	D	E	T	A	L	I	D	P	O	W
X	U	P	U	Y	W	M	J	C	S	E	P	T	S	A
H	N	I	J	U	L	O	I	I	Y	C	P	O	S	R
U	U	N	A	A	O	H	L	D	G	C	W	M	T	D
M	D	E	B	O	O	B	S	F	Y	G	L	B	O	S
A	G	P	V	D	G	R	U	I	I	E	I	O	W	C
T	W	L	P	D	E	K	X	M	L	L	A	N	N	J
I	F	W	I	N	T	E	R	I	E	R	U	R	G	E
O	C	X	P	Z	G	D	V	F	J	V	U	A	S	I
N	T	Z	C	G	N	I	R	E	D	W	O	H	C	L
S	K	F	S	T	R	U	G	G	L	E	P	B	C	R

ALPINE
BARGAINS
BOOBED
CAULIFLOWER
CHOWDERING
CHURLISHLY
COMPELS
CROSSTOWN
CYCLONE
DILATED
EXHUMATIONS
GENTLING
ITALICIZING
JIGGING
LAMPOONING
LEFTWARDS
LEVEE
MIDYEARS
STRUGGLE
SYMPTOM
WINTERIER

Puzzle #104

Assorted Words 104

G	N	I	T	E	M	M	U	L	P	V	S	E	T	L
L	L	D	A	O	U	T	F	I	T	S	W	X	Y	A
E	E	S	E	V	I	T	I	D	D	A	A	J	P	N
G	L	X	N	P	G	S	E	N	T	B	T	L	E	D
D	N	B	P	A	O	L	S	G	A	G	T	C	F	W
V	H	I	I	I	I	S	O	A	A	J	E	Y	A	A
I	P	W	U	D	R	R	I	R	L	G	D	V	C	R
S	G	H	O	B	U	I	A	T	I	G	T	Y	E	D
A	C	B	C	Z	M	A	N	U	O	F	R	R	S	S
G	V	F	U	N	K	I	N	G	Q	R	I	U	O	F
E	I	W	L	L	I	T	S	I	A	I	Y	E	O	M
S	E	G	E	L	I	V	I	R	P	T	T	V	S	H
H	A	D	V	O	C	A	T	E	B	T	I	N	B	D
S	R	E	G	G	I	R	T	U	O	E	M	Q	A	I
K	F	D	E	G	G	A	S	L	U	R	K	I	N	G

ADDITIVES
ADVOCATE
ANTIQUARIANS
DEPOSITORY
EXPIRING
FRITTER
FUNKING
GLORIFIES
HOURGLASS
IMBUING
INAUDIBLE
LANDWARDS
LURKING
MORTGAGE
OUTFITS
OUTRIGGERS
PLUMMETING
PRIVILEGES
SAGGED
STILL
SWATTED
TYPEFACES
VISAGES

Assorted Words 105

W	L	H	E	T	E	R	O	G	E	N	E	O	U	S
S	G	A	K	C	O	N	K	E	N	O	H	P	G	K
H	Y	S	W	T	D	B	O	S	M	I	Z	K	S	V
A	O	H	E	Y	D	A	Y	I	V	I	V	C	F	B
X	R	E	S	E	N	T	S	R	L	I	L	I	V	K
Q	B	H	G	W	L	T	L	K	E	L	L	K	R	V
D	Y	L	L	U	F	E	R	A	C	I	I	E	S	D
H	I	H	T	J	K	N	T	E	C	I	G	Z	S	J
O	H	N	S	B	M	I	L	C	K	T	T	N	A	T
F	A	S	H	C	A	N	S	Q	V	C	A	H	A	G
B	B	N	D	C	X	G	K	P	N	C	E	T	S	M
L	I	B	E	R	A	L	I	Z	I	N	G	H	E	B
R	T	P	B	I	P	R	O	V	I	S	O	S	C	D
V	A	P	O	S	E	N	A	L	P	A	U	Q	A	W
T	T	G	N	I	D	A	R	E	U	Q	S	A	M	W

AQUAPLANES
ARACHNID
ASHCANS
BATTENING
CAREFULLY
CHECKER
CLIMBS
DRIVING
GAZILLION
HABITAT
HETEROGENEOUS
HEYDAY
KNOCK
LACTATED
LIBERALIZING
MANGIER
MASQUERADING
MILKS
PHONE
PROVISOS
RESENTS
SHTICK
VILEST

Puzzle #106

Assorted Words 106

F	F	N	E	P	M	A	D	S	R	E	H	S	I	W
I	N	R	O	H	T	K	C	A	L	B	Y	K	W	R
N	F	C	G	I	L	F	H	T	S	C	Y	O	N	E
D	K	J	O	N	T	C	A	O	T	S	T	E	E	D
I	E	C	S	S	I	A	D	T	L	R	T	O	I	E
N	A	A	I	T	R	R	Z	E	R	L	P	Y	R	F
G	E	T	D	R	U	E	U	I	R	O	E	M	N	I
S	B	C	R	B	T	O	T	S	T	U	T	R	X	N
H	Q	H	I	O	E	I	B	S	S	R	S	N	E	E
O	M	A	X	T	C	A	C	A	U	A	O	N	E	D
W	R	L	E	U	N	I	T	M	B	J	Y	M	E	M
E	B	L	M	D	U	E	O	X	F	Q	D	K	A	C
R	E	D	D	U	H	S	N	U	D	L	M	A	M	U
E	M	X	N	T	U	R	E	T	S	A	H	C	H	F
D	R	Q	F	Q	D	O	O	H	R	E	H	T	A	F

ABOUTS
ADJUSTERS
AMORTIZATION
ASSURING
ATROCIOUS
BLACKTHORN
CATCHALL
CENSURED
CHASTER
CITRIC
DAMPEN
DEADBEAT
ENTICE
FATHERHOOD
FINDING
HOLLERED
MENTOR
REDEFINED
SHOWERED
SHUDDER
STEED
WISHERS

Assorted Words 107

E	E	O	S	F	G	B	B	X	M	A	R	I	N	A
S	M	E	R	B	L	Y	E	K	N	O	D	F	E	P
E	R	S	N	N	G	U	M	F	Q	N	C	N	W	O
K	D	E	N	R	O	H	O	I	A	Y	E	O	T	L
D	G	U	F	O	C	I	A	R	L	L	L	I	O	I
E	E	N	T	E	I	H	T	S	O	L	L	P	N	C
O	C	B	I	I	R	T	A	A	S	S	I	I	S	I
Z	H	N	H	S	L	B	C	S	Z	O	C	N	N	N
H	E	S	A	S	U	P	U	E	T	I	C	O	G	G
C	A	D	I	I	U	O	M	R	F	I	M	K	P	Q
Y	I	R	R	L	R	B	R	A	G	E	S	E	S	E
Z	L	T	D	A	O	U	M	G	H	E	D	I	T	L
V	L	O	S	E	P	B	X	A	E	F	R	I	N	I
G	U	W	O	Y	N	E	A	U	A	K	H	S	J	G
Q	S	V	W	G	M	S	S	O	L	B	P	W	T	P

ABOLISH
AMBUSH
AMPLITUDE
BEFALLING
BURGERS
CELLI
CHASTISING
DEFECTIONS
DONKEY
DRAPES
FLUOROSCOPE
GROUSING
HARDENS
HASSOCKS
ITEMIZATION
LUXURIANCE
MARINA
MILLING
MYSTIC
NEWTONS
POLICING
REFERS

Assorted Words 108

D	E	H	S	I	N	R	U	F	N	E	P	V	I	L
V	L	H	A	J	K	S	U	W	C	M	Z	I	S	H
A	O	Z	S	B	R	R	N	K	M	P	Z	L	E	M
D	U	Q	E	A	O	E	O	O	M	T	T	L	C	I
P	B	T	U	V	L	N	C	W	L	I	W	A	E	S
Y	O	K	O	E	C	T	K	L	Y	E	N	I	S	A
S	B	C	J	M	L	E	E	R	A	D	F	N	S	P
S	N	O	O	G	A	L	S	R	O	I	O	S	I	P
N	Y	L	T	R	A	T	E	S	W	O	M	B	O	R
T	R	A	P	P	E	R	E	D	A	H	D	S	N	E
V	T	T	P	L	U	C	S	C	B	Y	A	R	I	H
G	N	I	R	E	T	S	U	M	C	L	I	P	S	E
Y	L	T	N	E	I	C	I	F	O	R	P	S	T	N
C	P	E	P	P	E	R	C	O	R	N	G	F	T	D
G	N	I	M	A	R	G	O	R	P	E	R	D	C	S

AUTOMATE
BODYWORK
CLIPS
DOORKNOB
EMPTIED
ESSAYISTS
FELONS
FURNISHED
LAGOONS
MISAPPREHENDS
MUSTERING
PEPPERCORN
PROFICIENTLY
QUELLED
RECLAIMS
REPROGRAMING
SALTER
SCULPT
SECESSIONIST
TARTLY
TRAPPER
VILLAINS

Assorted Words 109

Y	J	B	D	W	L	O	V	E	A	B	L	E	J	R
V	P	A	T	E	N	T	S	F	F	F	R	M	Y	I
C	R	S	E	I	R	A	N	O	I	S	I	V	V	N
M	E	V	L	S	L	A	N	A	H	C	C	A	B	S
S	S	S	A	E	T	S	Z	M	I	I	S	L	B	I
T	U	F	E	J	D	S	D	S	F	E	J	V	L	D
Y	R	G	O	S	Q	I	E	E	O	N	K	L	V	I
L	R	U	V	U	S	Z	F	U	N	C	S	C	N	O
I	E	E	S	I	M	E	D	N	Q	E	L	Y	B	U
Z	C	A	I	M	P	E	R	T	I	N	E	N	T	S
I	T	E	C	X	I	S	M	P	I	F	O	U	Q	R
N	S	U	C	H	B	R	D	D	Y	W	D	C	Q	D
G	O	Q	T	D	I	S	G	R	A	C	E	F	U	L
P	R	A	T	L	U	N	C	H	R	O	O	M	S	N
E	V	I	T	O	V	H	G	S	T	R	I	K	E	R

ASSIZE
BACCHANALS
CONQUEST
CYPRESSES
DEMISE
DISGRACEFUL
FOAMS
IMPERTINENTS
INFIDELS
INSIDIOUS
LEACHING
LOVEABLE
LUNCHROOMS
PATENTS
QUEENED
RESURRECTS
SCIENCE
STRIKER
STYLIZING
VISIONARIES
VOTIVE

Assorted Words 110

C	J	C	G	N	I	N	O	I	T	S	E	U	Q	Y
E	S	C	I	M	H	T	I	R	A	G	O	L	V	I
I	T	O	S	M	U	I	N	E	C	S	O	R	P	R
N	O	M	E	H	S	I	D	N	A	R	B	G	S	E
E	O	P	R	U	F	F	L	E	S	G	A	X	W	C
L	P	A	S	R	E	K	C	U	S	L	Y	N	N	E
E	I	N	C	O	M	M	A	N	D	O	E	S	K	I
G	N	I	D	T	U	S	L	J	R	W	U	D	Y	V
A	G	O	E	E	S	S	F	S	N	E	X	T	X	E
N	I	N	S	T	S	E	F	F	R	D	F	C	A	R
T	R	A	I	P	A	L	I	F	O	E	A	F	S	S
L	K	B	D	S	R	I	U	L	U	L	H	F	O	A
Y	O	L	H	K	N	I	D	P	R	R	L	T	K	V
M	R	E	V	O	R	I	S	A	H	A	G	A	A	M
R	E	I	D	E	E	W	R	M	R	I	E	N	F	L

BRANDISH
COMMANDOES
COMPANIONABLE
CRANK
EARLIEST
FALLOFFS
GLOWED
GRUFFS
INELEGANTLY
LATHERS
LOGARITHMIC
OFFER
PRISM
PROSCENIUMS
PULSED
QUESTIONING
RADIATE
RECEIVERS
RINSING
ROVER
RUFFLES
STOOPING
SUCKERS
WEEDIER

Assorted Words 111

G	T	S	D	A	E	H	N	I	A	T	N	U	O	F
E	W	O	K	O	G	U	T	I	R	X	Q	F	O	B
N	S	H	Y	C	C	N	B	V	O	O	U	P	V	O
I	G	R	D	D	I	T	I	S	F	D	T	X	X	Y
U	T	N	O	I	E	P	O	R	L	B	I	C	B	S
S	P	S	I	T	U	N	C	R	O	E	E	Z	E	I
E	D	R	E	T	A	R	I	F	E	T	C	H	E	S
S	Y	A	I	G	A	R	N	G	G	H	N	X	A	D
M	C	N	E	N	N	N	I	A	A	H	S	E	E	T
L	B	L	X	H	T	O	I	P	L	M	A	A	M	E
O	Q	M	T	K	E	I	C	M	S	L	I	R	W	L
V	A	R	I	E	S	R	N	A	O	E	Y	F	W	E
F	R	O	T	A	I	T	O	G	E	N	R	M	M	X
S	R	E	H	S	I	N	I	F	U	L	R	U	M	E
N	Q	L	L	I	G	H	T	W	E	I	G	H	T	D

CONGEST
DIURNALLY
DOCTOR
EXCELS
FETCHES
FINISHERS
FOREHEADS
FOUNTAINHEADS
GENIUSES
IMAGINED
IODIZED
LIGHTWEIGHT
MENTORING
NEGOTIATOR
NOMINATING
PICKS
PRINTING
RESPIRATORS
SECTOR
TELEXED
VARIES
WASHER

Puzzle #112

Assorted Words 112

T	O	U	G	H	E	R	X	C	D	N	O	I	S	R
A	D	S	C	N	D	K	D	E	L	A	O	C	U	R
Y	O	E	L	G	I	X	J	A	L	O	H	T	N	S
B	L	Z	R	I	A	C	J	I	K	S	M	I	N	P
H	M	F	O	A	M	W	I	V	Q	H	B	P	I	I
L	C	A	S	T	I	N	G	L	Y	I	U	P	E	N
X	S	K	T	H	O	L	E	V	A	P	Z	L	S	D
O	U	W	F	T	R	R	E	S	W	M	Z	E	T	L
P	G	Y	T	S	A	N	P	D	S	A	W	R	V	Y
O	C	A	N	T	I	C	I	P	A	T	O	R	Y	Q
S	O	N	A	T	A	S	H	M	S	E	R	Q	V	T
S	E	X	O	B	L	I	A	M	O	N	D	A	M	E
U	K	M	F	I	L	I	G	R	E	E	S	I	O	D
M	S	E	L	K	C	U	S	Y	E	N	O	H	H	Q
S	T	S	I	G	O	L	O	R	O	E	T	E	M	V

ANTICIPATORY
ATTACHMENT
BUZZWORD
CASTING
CLOMPED
COALED
DERAILED
FILIGREES
HONEYSUCKLES
MAILBOXES
MALICING
METEOROLOGIST
NASTY
OPOSSUMS
PROTOZOA
SHIPMATE
SLIMNESS
SONATAS
SPINDLY
SUNNIEST
TIPPLER
TOUGHER

Puzzle #113

Assorted Words 113

E	S	C	E	P	C	I	O	E	N	X	A	H	E	P
Q	T	G	O	V	E	R	N	O	R	S	H	I	P	O
B	A	C	K	P	E	D	A	L	S	I	D	A	X	R
O	W	S	N	F	P	L	O	P	P	E	D	T	M	P
R	J	D	T	I	W	A	S	T	E	D	D	U	G	O
R	I	P	O	S	T	S	U	R	O	T	I	S	X	I
V	E	B	H	C	I	X	P	O	I	N	T	E	R	S
B	K	P	S	A	K	C	E	V	M	A	W	R	T	E
H	K	D	A	L	L	Y	I	U	I	K	A	Z	O	O
Y	O	B	C	S	T	S	O	T	T	A	L	U	M	Y
V	T	Q	L	A	R	I	A	T	E	D	V	J	B	P
T	J	H	N	H	O	O	D	W	I	N	K	I	N	G
Y	F	T	G	L	E	T	T	E	R	H	E	A	D	S
K	E	S	E	I	D	D	A	P	R	Y	K	G	E	U
O	S	E	T	A	N	I	G	A	P	V	M	H	H	U

BACKPEDALS
CRAPE
DALLY
EXTINCT
FISCALS
GENETICISTS
GOVERNORSHIP
HIATUS
HOODWINKING
KAZOO
LARIATED
LETTERHEADS
MULATTOS
NIGHTY
PADDIES
PAGINATES
PLOPPED
POINTERS
PORPOISE
RIPOSTS
TORUS
WASTED

Puzzle #114

Assorted Words 114

N	C	R	O	W	B	A	R	S	T	R	U	M	P	S
S	R	O	T	A	R	E	N	I	C	N	I	K	W	L
E	V	E	N	T	V	H	I	I	T	R	I	B	E	F
N	Y	E	N	T	H	R	O	N	E	M	E	N	T	L
F	G	L	R	O	E	E	D	R	F	S	D	N	E	U
L	T	N	L	B	I	M	G	E	D	E	H	T	B	B
O	C	P	I	A	G	T	P	D	W	E	R	K	T	B
R	C	H	S	T	I	K	A	T	I	E	D	N	J	E
D	R	A	S	C	H	N	M	Z	U	R	D	R	O	D
S	N	L	S	H	B	G	E	S	I	O	R	L	I	S
H	Y	O	L	E	T	P	I	G	I	L	U	O	I	X
I	E	N	S	S	W	R	R	F	N	T	A	S	P	M
P	J	X	B	C	Q	O	I	O	G	O	I	C	V	J
T	N	E	V	L	O	S	R	G	W	O	C	L	O	S
I	R	E	L	L	E	W	S	K	F	L	D	O	E	L

BATCHES
CASEWORK
CONGENIALLY
CONTEMPTUOUS
CROWBARS
DOGFIGHTING
ELITISM
ENTHRONEMENT
EVENT
FLUBBED
GIRTHS
HORDED
INCINERATORS
INFERNOS
LOCALIZATION
LORDSHIP
MILDEWED
PORRIDGE
PROWL
SOLVENT
SWELLER
TRIBE
TRUMPS

Puzzle #115

Assorted Words 115

N	P	M	A	S	S	A	G	E	D	W	C	K	H	X
Z	D	E	K	O	R	T	S	Y	E	K	J	T	S	H
F	P	Z	Y	G	Z	S	R	E	K	C	I	H	T	A
R	I	S	Y	L	T	N	E	C	E	D	N	I	R	N
E	S	E	C	E	I	P	W	O	H	S	E	M	A	D
E	Y	L	H	C	R	A	H	C	T	A	M	G	N	F
T	S	F	T	R	E	I	S	K	L	O	F	S	G	U
H	A	U	S	D	A	Y	B	E	D	S	Z	P	L	L
I	C	N	T	M	L	F	R	R	P	E	N	R	E	S
N	C	N	S	A	U	P	F	E	L	B	I	D	U	A
K	H	I	J	K	I	T	M	L	U	F	R	A	E	F
E	A	N	E	F	A	H	C	I	O	F	L	O	F	P
R	R	E	S	C	R	E	W	I	N	G	I	L	E	B
S	I	S	D	N	T	F	T	X	D	K	E	T	G	L
E	N	S	R	O	T	A	G	O	R	R	E	T	N	I

ARCHLY
AUDIBLE
COCKEREL
DAYBEDS
DICTUMS
FEARFUL
FOLKSIER
FREETHINKERS
FUNNINESS
HANDFULS
HIATUS
INDECENTLY
INTERROGATORS
KEYSTROKED
MASSAGED
MATCH
SACCHARIN
SCREWING
SHOWPIECES
STRANGLE
TEAKS
THICKER

Puzzle #116

Assorted Words 116

D	E	S	R	E	P	S	R	E	T	N	I	A	T	B
Z	E	Y	C	J	L	G	E	X	G	E	F	L	I	I
S	R	E	Y	A	P	R	U	S	A	B	L	E	D	L
A	A	Y	C	U	N	A	H	B	S	O	R	D	B	L
A	T	S	T	M	K	N	X	G	K	E	V	G	I	F
D	P	T	C	I	T	D	E	N	W	V	N	E	T	O
M	B	P	R	I	L	M	M	D	P	V	M	R	S	L
I	E	N	O	I	T	A	T	L	U	X	E	E	A	D
R	T	L	I	I	B	S	T	E	U	S	C	D	M	H
D	U	O	O	O	N	U	O	I	K	H	E	F	P	I
P	O	P	M	D	L	T	T	N	P	C	A	P	A	U
Z	H	S	I	V	I	R	M	I	G	S	A	T	N	M
P	C	S	Y	L	S	C	U	E	O	O	O	P	S	V
P	A	P	R	I	K	A	S	P	N	N	R	H	V	K
K	W	I	N	T	E	R	M	E	N	T	S	P	I	Q

APPOINTMENT
ATTRIBUTION
BILLFOLD
EXULTATION
GRANDMAS
HARNESSES
HOSPITALITY
INTERMENTS
INTERSPERSED
LEDGERED
MELODICS
PACKET
PAPRIKA
PAYERS
PROGNOSTICS
PURLOIN
SAMPANS
SCANNED
TIDBITS
USABLE

Puzzle #117

Assorted Words 117

A	R	H	L	T	H	A	N	D	M	A	I	D	E	N
H	Y	P	O	T	E	N	U	S	E	S	L	G	G	C
U	F	E	N	J	E	L	S	R	E	V	O	P	O	P
O	U	E	N	O	T	S	Y	E	K	Z	X	E	L	T
A	M	Q	S	T	P	O	E	T	U	N	E	C	R	A
T	B	C	Y	N	R	O	P	G	S	E	B	L	S	P
O	L	O	F	L	O	N	S	E	A	E	F	B	U	A
T	E	C	E	F	X	I	K	T	N	S	F	A	C	T
J	S	K	E	Z	P	I	X	N	L	E	O	I	K	H
S	R	E	T	S	I	L	B	E	F	U	D	D	L	E
M	R	Y	I	R	W	Y	A	S	L	R	D	E	I	T
N	K	E	Y	Z	W	G	A	I	X	P	I	E	N	I
G	Y	D	E	V	A	E	H	S	N	H	M	A	G	C
U	V	U	L	A	S	R	O	T	C	E	J	O	R	P
C	M	Q	E	L	B	A	C	O	V	E	R	E	C	K

APATHETIC
BEFUDDLE
BLISTERS
COCKEYED
COMPLEXIONS
CRAZIEST
DOSAGES
FRIAR
FUMBLES
HANDMAIDEN
HYPOTENUSES
KEYSTONE
LIFESTYLE
OPENED
PLAIN
POPOVERS
POSTLUDE
PROJECTOR
REVOCABLE
SHEAVE
SUCKLING
UVULAS

Puzzle #118

Assorted Words 118

D	I	N	T	S	E	I	R	E	H	T	A	E	F	Y
E	N	F	O	H	R	D	D	B	L	L	O	V	M	A
M	Y	S	A	I	L	E	O	I	X	J	Y	R	E	C
O	F	L	T	T	P	U	I	O	S	B	K	G	L	O
N	R	D	T	C	H	M	C	D	H	C	P	G	O	L
S	A	H	E	N	N	E	A	A	R	L	R	Y	N	L
T	T	G	D	D	E	U	R	H	R	A	R	E	S	E
R	R	L	F	W	L	R	F	L	C	A	B	I	E	C
A	I	A	C	K	O	O	R	E	E	Z	C	M	G	T
T	C	D	O	Y	Z	L	M	U	D	S	G	K	O	I
I	I	S	Q	F	L	X	L	P	C	X	S	W	K	B
O	D	B	G	N	I	L	I	A	F	V	I	A	C	L
N	E	Y	L	L	A	N	O	I	T	A	C	U	D	E
O	S	Y	L	L	A	C	I	R	O	T	S	I	H	Y
S	D	R	A	O	B	R	E	G	N	I	F	J	L	M

ALLOW
BOMBARDIERS
CARACUL
CHAMPION
COLLECTIBLE
CURRENTLY
DEFUNCTS
DEMONSTRATION
DISCREET
EDUCATIONALLY
FAILING
FATHERLESS
FEATHERIEST
FINGERBOARDS
FRATRICIDES
GIRLHOOD
GLADS
HISTORICALLY
MELONS
MOLDED

Puzzle #119

Assorted Words 119

A	X	B	G	N	I	T	H	G	I	F	N	I	D	J
Y	X	W	N	C	L	A	P	R	A	C	A	T	E	M
A	F	K	Z	O	H	B	W	D	E	I	M	Y	T	S
D	A	G	M	F	R	H	I	D	H	V	K	N	A	S
Q	A	M	N	F	G	M	N	E	H	P	E	O	O	H
S	K	R	F	I	Y	O	G	A	O	O	F	A	R	E
N	U	N	E	N	T	R	E	D	N	R	F	S	L	E
U	N	T	I	S	E	A	D	L	E	E	S	Q	S	P
F	A	G	D	L	B	Y	U	I	S	D	V	H	I	F
F	Q	D	G	N	S	S	Z	N	T	Q	I	Q	S	O
L	S	I	D	E	W	I	S	E	E	T	H	A	N	L
E	Z	X	M	A	U	L	E	D	R	T	O	Y	L	D
D	C	I	T	S	I	N	I	M	R	E	T	E	D	P
G	N	I	T	A	N	I	M	U	L	L	I	A	D	I
M	F	A	N	N	A	M	P	E	R	J	U	R	E	D

ATTENUATING
COFFINS
DARES
DEADLINED
DETERMINISTIC
DITTOED
HONESTER
ILLUMINATING
INFIGHTING
MANNA
MAULED
METACARPAL
MORAYS
PERJURED
PLAIDED
PORED
REVEAL
SHEEPFOLD
SIDEWISE
SLINK
SNUFFLED
STYMIED
WINGED

Assorted Words 120

Y	M	J	F	S	E	I	R	C	I	M	I	M	Q	G
N	O	H	T	G	Y	N	W	O	G	T	H	G	I	N
G	U	I	S	S	S	E	V	A	L	C	N	E	M	W
E	N	N	G	C	E	E	M	C	V	E	X	E	S	J
M	T	I	O	Z	A	I	T	E	Y	L	K	E	E	W
P	E	H	R	I	A	V	K	I	D	N	A	P	E	R
H	B	E	E	I	T	N	E	A	S	D	J	J	B	L
A	A	X	E	S	T	R	E	N	N	P	L	Y	J	T
S	N	T	V	W	E	T	O	A	G	S	M	E	E	W
I	K	R	A	A	N	V	A	B	R	I	G	A	D	E
Z	Q	U	L	L	T	F	O	T	A	I	N	A	C	E
I	M	S	U	N	I	S	R	L	A	I	N	G	U	T
N	E	I	A	U	O	E	O	E	C	A	T	G	Y	E
G	S	O	T	T	N	Q	Y	R	P	S	Y	N	D	N
M	Z	N	E	S	E	I	C	N	I	A	T	P	A	C

ANTIABORTION
ATTENTION
ATTIRING
BRIGADE
CAMPSITES
CAPTAINCIES
EMPHASIZING
ENCLAVES
EXTRUSION
KIDNAPER
LOVES
MEDDLE
MIMICRIES
MOUNTEBANK
NEARING
NIGHTGOWN
REEVALUATE
SCAVENGING
SNAKIEST
TWEET
VEXES
WALNUTS
WEEKLY

Printed in Great Britain
by Amazon

45603084R00071

ABRSM PUBLISHING

Specimen Sight-Reading Tests

Guitar

GRADES 1-8

THE ASSOCIATED BOARD OF
THE ROYAL SCHOOLS OF MUSIC

GRADE 1

Allegretto
a
poco f
Allegro
b
mp
Andantino
c
p
cresc. poco a poco
Andante
d
mp cantabile